W0262625

Dunsch · Jöns Jacob Berzelius

1 Jöns Jacob Berzelius
(20. 8. 1779—7. 8. 1848)

Biographien
hervorragender Naturwissenschaftler,
Techniker und Mediziner   Band 85

Jöns Jacob Berzelius

Dr. Lothar Dunsch, Dresden

Mit 23 Abbildungen und 4 Tabellen
sowie dem Briefwechsel zwischen
J. J. Berzelius und K. A. Winkler im Anhang

BSB B. G. Teubner Verlagsgesellschaft · 1986

Herausgegeben von
D. Goetz (Potsdam) I. Jahn (Berlin), E. Wächtler (Freiberg),
H. Wußing (Leipzig)
Verantwortlicher Herausgeber: D. Goetz

Abbildung auf dem Umschlag:
Berzelius im Alter von 47 Jahren. Porträt von John Way (1826). Im Besitz der Bibliothek der Königlich-Schwedischen Akademie der Wissenschaften, Stockholm (Reproduktion aus [B 12]).
Abbildungen auf den Innenseiten des Umschlags:
vordere Innenseite: Blick in Berzelius Chemikaliensammlung (heute im Berzeliusmuseum Stockholm), die die Grundlage seiner umfangreichen Atommassenbestimmung war, deren Ergebnis auf der *hinteren Innenseite* zu sehen ist. (Reproduktion aus [B 21] mit Genehmigung der Königlich-Schwedischen Akademie der Wissenschaften, Stockholm.)

Abb. 1 (Aufnahme Olof Ekberg. Mit freundlicher Genehmigung der Königlich-Schwedischen Akademie der Wissenschaften, Stockholm.)

Dunsch, Lothar:
Jöns Jacob Berzelius / Lothar Dunsch. –
1. Aufl. – Leipzig : BSB Teubner, 1986. –
136 S.: mit 23 Abb., 4 Tab.
(Biographien hervorragender Naturwissenschaftler, Techniker und Mediziner ; 85)
[enth. Briefwechsel zwischen J. J. Berzelius und K. A. Winkler]
NE : GT

ISBN 978-3-322-00317-1   ISBN 978-3-322-94554-9 (eBook)
DOI 10.1007/978-3-322-94554-9

ISSN 0232-3516
© BSB B. G. Teubner Verlagsgesellschaft, Leipzig. 1986
1. Auflage
VLN 294-375/77/86 · LSV 1208
Lektor: Hella Müller

Gesamtherstellung: IV/2/14 VEB Druckerei „Gottfried Wilhelm Leibniz“,
4450 Grafenhainichen · 6641
Bestell-Nr. 666 322 1

00680

Vorwort

Berzelius' wissenschaftliche Leistung ist namenlos in den Bestand der Chemie eingegangen. Weder eine Theorie noch eine Gleichung, weder eine Konstante noch ein Verfahren, weder eine Verbindung noch ein Gerät trägt seinen Namen und erinnert so im täglichen Sprachgebrauch des Chemikers an jenen Mann, der zu den bedeutendsten Naturwissenschaftlern des 19. Jahrhunderts zählt. Da zudem die letzte eigenständige Biographie im deutschen Sprachraum vor rund 40 Jahren erschien, ist die Gefahr des Versinkens seiner Leistung und seines Wirkens in die Vergessenheit groß.
Die vorliegende Biographie will nicht nur diesem Übelstand abhelfen, sondern auch die neueren Ergebnisse der kontinuierlich betriebenen Berzelius Forschung berücksichtigen. Ein weiterer Akzent soll in der Darstellung vom Einfluß Berzelius' auf die Entwicklung der Chemie in Deutschland vor allem durch seine Schüler gesetzt werden, da in schwedischen oder englischsprachigen Werken dem verständlicherweise kaum Augenmerk geschenkt wird. Gefördert wird dieses Anliegen durch den Abdruck des weniger umfangreichen Briefwechsels Berzelius' mit seinem deutschen Schüler Kurt Alexander Winkler. Damit soll gleichzeitig eine weitere Erschließung der Berzelius-Dokumente erfolgen.
Die Darstellung des Lebenswerkes Berzelius' schließt sich an die Davy-Biographie (Leipzig, Teubner 1982) an, die als ergänzende Lektüre empfohlen wird. Gerade in der Gegenüberstellung zu Humphry Davy wird Berzelius in seinen Leistungen wie in seinen Eigenheiten noch deutlicher. Das enorme wissenschaftliche Werk Berzelius' droht in einer Biographie dieses kleineren Umfangs die Darstellung des Lebensweges und der menschlichen Qualitäten fast zu erdrücken. Der Forscher Berzelius wird aber erst in seinen großen Taten wie in seinen kleinen Schwächen in voller Größe erkennbar. Es ist das Ziel dieser Biographie, sein Wirken in seiner Zeit und bis in die Gegenwart zu skizzieren, um in seinem Werk eines jener Fundamente zu verdeutlichen, auf denen die heutige Wissenschaft ruht.

Diese Arbeit wurde durch die großzügige Unterstützung von Frau Dr. Anna-Lisa Wold-Arrhenius, Uppsala, gefördert. Ihr gebührt dafür mein aufrichtiger Dank, ebenso danke ich der Königlich-Schwedischen Akademie der Wissenschaften zu Stockholm für ihr Entgegenkommen. Weiterhin danke ich Herrn Dr. Jan Trofast, Lund, sowie der Bibliothek der Chemischen Gesellschaft der DDR, Berlin, und der Hauptbibliothek der Technischen Universität Dresden für die Unterstützung der Literaturarbeit sowie Frau Elisabeth Thieme, Dresden, für die Übersetzung eines Berzelius-Briefes.

Mein Dank gilt den Gutachtern Frau Prof. Dorothea Goetz, Potsdam, und Herrn Dr. Horst Remane, Leipzig, für ihre kritischen Hinweise und Vorschläge sowie dem Verlag für die Zusammenarbeit und das Eingehen auf spezielle Wünsche zur Buchgestaltung.

Meiner Frau Anette danke ich für ihre Unterstützung und kritische Durchsicht des Manuskriptes.

Dresden, Oktober 1985   Lothar Dunsch

Inhalt

Karlsruhe 1860 (statt einer Einführung)

Vom 3. bis 5. September 1860 fand in Karlsruhe ein Chemiker-Kongreß statt, der erstmals einen internationalen Treffpunkt für die Chemiker aller Länder bot und mit seinen Ergebnissen enormen Einfluß auf die weitere Entwicklung der Chemie im allgemeinen und die der theoretischen Anschauungen in der Chemie im besonderen hatte. Dem Leser von heute mag dieses Urteil vielleicht etwas überzogen erscheinen, sind doch wissenschaftliche Kongresse auch in der Chemie eine allwöchentliche Erscheinung, die schon wegen ihrer Häufigkeit kaum einen gravierenden Einfluß auf die Entwicklung der Chemie nehmen können.
Einige Skepsis zum Wert wissenschaftlicher Tagungen ist durchaus am Platz, treibt doch heute der Kongreßtourismus manche Blüten, wenn Tagungen mit spektakulären Teilnehmerzahlen an touristisch attraktiven Orten mit ausgewogenem Vor-, Nach- und Damenprogramm abgehalten werden.
Der Karlsruher Kongreß war von solchen Übelständen noch unbelastet, doch zeigte sich schon 1860 ein Kennzeichen wissenschaftlicher Zusammenkünfte in der Teilnahme bzw. Nichtteilnahme wissenschaftlicher Honoratioren, die den Wert des Treffens und damit die Zustimmung bzw. Ablehnung der dort vertretenen Ideen erkennen läßt. So waren die Organisatoren auch 1860 darauf bedacht, möglichst viele und einflußreiche (im wissenschaftlichen Sinne) Gelehrte zum Kongreß nach Karlsruhe zu holen, was gleichzeitig der Wirkungsort des einen der beiden Organisatoren war: Carl Weltzien [1]. Die Chemiegeschichtsschreibung nennt den seit 1850 in Karlsruhe wirkenden Ordinarius für Chemie an der damaligen Polytechnischen Schule vor allem in Zusammenhang mit dem besagten Kongreß, während seine Arbeiten über Stickstoffverbindungen, Ozonbildung, Analyse der Mineralien und Gewässer u. a. kaum erwähnt werden. Wesentlich bedeutender war schon zum Zeitpunkt des Kongresses der zweite im Bunde, der damalige Chemie-Ordinarius der Universität Gent, der dreißigjährige August Kekulé [2]. Er hatte sich

mit seiner Arbeit über die Vierwertigkeit des Kohlenstoffs [1858]
bereits international einen Namen gemacht, ehe ihm 1865 mit
seiner Benzentheorie ein weiterer großer Wurf auf wissenschaftlichem Gebiet gelang. Unterstützt wurden die beiden deutschen
Wissenschaftler von ihrem französischen Kollegen Adolphe Wurtz,
der zu den führenden Köpfen der jüngeren Chemikergeneration
in Frankreich gehörte.
Es bleibt noch die Frage nach dem Anlaß für diesen Kongreß.
Die zunehmende Konfusion bei der Festlegung chemischer Symbole und Begriffe sowie der Atomgewichte erforderte eine Klärung. Schließlich galt es schon bei Konfuzius als Leitsatz:

Stimmen die Namen und Begriffe nicht, so ist die Sprache konfus. Ist die
Sprache konfus, so entstehen Unordnung und Mißerfolg. Gibt es Unordnung
und Mißerfolg, so geraten Anstand und gute Sitten in Verfall ... Darum muß
der Edle die Begriffe und Namen korrekt benutzen und auch richtig danach
handeln können. [3]

Bei der Abfassung von Veröffentlichungen war es unklar, was
bei der Benutzung von Atommassen zu tun oder zu lassen war.
Ebenso waren „Äquivalentgewichte" im Gebrauch, die als Multipla der Atommassen verstanden wurden.
Weiterhin war auch auf theoretischem Gebiet der Streit zwischen
der dualistischen elektrochemischen Theorie und der unitarischen
Typentheorie nicht vollständig ausgestanden. Nicht zuletzt ging
es um die Anerkennung einer atomistischen Grundlage für die
Festlegung von Strukturbezeichnungen in der Chemie. Die Entwicklung trieb auf eine babylonische Verwirrung unter den Chemikern hin. Besonders Kekulé war diese Entwicklung bewußt,
denn die Abfassung seines „Lehrbuches der organischen Chemie
oder der Chemie der Kohlenstoffverbindungen" [4], dessen erste
Lieferung 1859 erschien, zwang ihn zu einer kritischen Auseinandersetzung mit der Terminologie der Chemie, die er in den ersten
Kapiteln seines Buches darlegen wollte. Ähnlich ging es seinem
Freund und Kollegen Weltzien, dessen „Systematik der organischen Verbindungen" [5] Anfang 1860 erschien. Auch
Wurtz hatte die „Anarchie ... in der chemischen Ausdrucksweise"
beklagt.
In einem Brief an Weltzien vom 14. März 1860 entwickelte Kekulé das Programm für die Tagung, das folgende Punkte enthält:

1. Durch Austausch der Ansichten und Diskussionen einzelner Hauptfragen
sich zu verständigen, welche der jetzt schwebenden Theorien den Vorzug
verdient.
Eine Übereinkunft zu treffen oder wenigstens vorzubereiten, um gleiche
Gedanken in gleicher Form sowohl in Wort als in Schrift auszudrücken.
Dazu gehört z. B.:
a) Feststellen, welche Worte für bestimmte Begriffe zu brauchen sind, so
z. B. Äquivalent, Atom, Molekül, atomig, basisch, Atomigkeit, Basizität,
2- oder 4-atomig etc etc.
b) Durch welche Symbole sollen die Atome und durch welche die Äquiva-
lente der Elemente ausgedrückt werden. Darüber ist eine Übereinkunft
nötig, um übereinstimmende Schreibweisen atomischer Molekularformeln
einerseits und der Äquivalentformeln andererseits zu ermöglichen.
c) Übereinkunft über Schreibweise der rationellen Formeln. Das heißt nicht
etwa Diskussion der verschiedenen rationellen Formeln, sondern nur: welche
Stellung der Buchstaben soll benutzt werden, um einen und denselben Gedanken auszudrücken.
d) Anbahnung einer gleichmäßigen und rationellen Nomenklatur. [2 a, Bd. 1,
S. 185].

Kekulé war sich von vornherein bewußt, daß eine einmalige Zu-
sammenkunft nicht zu einer sofortigen Einigung führen konnte,
was tatsächlich auch eintrat. Aber es sollte wenigstens der Weg
aus dem Dilemma gewiesen werden, den zu beschreiten sich die
progressivsten Chemiker nicht scheuen würden. Dabei durchlief
Kekulé selbst in seinen Anschauungen einen Entwicklungsprozeß,
wie seine Biographie zeigt [2]. Doch auch den anderen Kongreß-
teilnehmern, zu denen u. a. Adolf Baeyer, Friedrich Beilstein,
C. W. Blomstrand, Alexander Borodin, Robert Bunsen, Jean-Bap-
tiste Dumas, Emil Erlenmeyer, Carl Remigius Fresenius, Charles
Friedel, John Gladstone, Hermann Kolbe, Hermann Kopp, Hans
Landolt, Alexander Naumann, William Odling, Jean François
Persoz, Georg Quincke, Henry Roscoe, Hugo Schiff, Leon N.
Schischkow, Rudolf Schmitt, Karl Seubert, Jean S. Stas, Adolph
Strecker, Heinrich Will, Johannes Wislicenus und Nikolai N.
Zinin gehörten, ging es ebenso. Als am 3. September 1860 der
Kongreß in Karlsruhe zusammentrat, war es ein bis dahin im
Ausland unbekannter Italiener, der kam, sah und (fast) siegte: Sta-
nislao Cannizzaro. Der 34jährige Genueser Professor der Chemie
hielt mit Temperament eine Rede, in der die Atomistik seines
Landsmannes Amedeo Avogadro mit den neueren Erkenntnissen
der Chemie in Einklang gebracht wurde. Dieser Vortrag blieb

zwar auf dem Kongreß ohne Resonanz – nur der Protokollant
Adolphe Wurtz ahnte dessen Bedeutung und erwähnte ihn aus-
führlich –, doch Cannizzaro beherzigte den Ausspruch Goethes:
„Denn was man schwarz auf weiß besitzt, kann man getrost nach
Hause tragen" und ließ durch Angelo Pavesi seine Schrift „Sunto
di un corso di filosofia chimica" [6] unter den Teilnehmern ver-
teilen. Zu denen, die sie mit nach Hause trugen, gehörte Lothar
Meyer. 30 Jahre später erinnert er sich anläßlich der Edition
dieses Bändchens in der Reihe „Ostwalds Klassiker der exakten
Wissenschaften" [7]:

Auch ich erhielt ein Exemplar, das ich einsteckte, um es unterwegs auf der
Heimreise zu lesen. Ich las wiederholt auch zu Hause und war erstaunt über
die Klarheit, die das Schriftchen über die wichtigsten Streitpunkte verbreitete.
Es fiel mir wie Schuppen von den Augen, die Zweifel schwanden, und das
Gefühl ruhigster Sicherheit trat an ihre Stelle. Wenn ich einige Jahre später
etwas für die Klärung der Sachlage und die Beruhigung der erhitzten Ge-
müter habe beitragen können, so ist das zu einem nicht unwesentlichen Teile
der Schrift Cannizzaros zu danken. Ähnlich wie mir wird es vielen anderen
Teilnehmern der Versammlung ergangen sein. Die hoch gehenden Wogen
des Streites begannen sich zu ebenen; mehr und mehr traten die alten
Berzeliusschen Atomgewichte wieder in ihr Recht. [7, S. 59].

Meyers Beitrag zur Klärung der Sachlage bestand 1862 in der
Abfassung der 1864 erschienenen „Modernen Theorien der Chemie" [8]. Dieses Buch war von wesentlichem Einfluß auf die
bald eintretende Herausbildung der physikalischen Chemie, nicht
zuletzt durch die Arbeiten des Atomistikers Jacobus Henricus
van't Hoff, die auf Meyers grundlegender Darstellung basieren.
Eine weitere enorme Leistung Meyers, die als Ergebnis des Karlsruher Kongresses anzusehen ist, wird augenscheinlich, wenn man
den Namen eines weiteren Teilnehmers nennt: Dmitri I. Mendelejew. Über die Bedeutung der Aufstellung des Periodischen
Systems der Elemente durch Meyer und Mendelejew ist viel ge-
sagt worden [9], was sich kurz resümieren läßt: Beide brachten
die Naturerkenntnis ans Licht, daß die Elemente „nach Maß,
Zahl und Gewicht geordnet" sind. Nachfolgenden Generationen
verblieb die Aufgabe, diese Ordnung durch Entdeckung weiterer
Elemente zu vervollkommnen, die exakte Definition von „Maß
und Zahl" durch Eindringen in die Kenntnis von dem Bau der
Atome zu liefern und durch Verfeinerung der Methoden die
Exaktheit der „Gewichte" der Atome zu verbessern. Bezüglich der

letzteren Aufgabe ist die Äußerung Meyers interessant, daß sich nach Karlsruhe wieder die Angaben der Atommassen durchsetzten, die Berzelius bereits um 1820 ermittelt hatte. Die nachfolgende Generation hatte diese Leistungen von Berzelius nicht kontinuierlich weiterentwickelt. So hatte der Vorwurf des Organikers und noch heute bekannten Chemiehistorikers Ernst von Meyer, die geistigen Häupter dieser Generation, „namentlich Kekulé und vor ihm Dumas, Laurent, Gerhardt, haben die unschätzbaren Verdienste von Berzelius und die Ausbildung des jetzigen Atomgewichtssystems nicht richtig gewürdigt" [10], durchaus einige Berechtigung. Versuche Dumas', eine Ordnung der Elemente aus Zusammenstellungen von verschiedenen Multipla der Atommassen zu schaffen, schlugen fehl. Lothar Meyer kommentierte das 1895:

Hätte Dumas derartige Zusammenstellungen mit den richtigen Atomgewichten versucht, so hätte er leicht den Schlüssel zum natürlichen System finden können. Aber die langjährige Gewöhnung an die Gmelinschen Zahlen und seine Vorliebe für die unhaltbare Proutsche Hypothese führten ihn irre. Letzteres hat auch gegen seine in den folgenden Jahren veröffentlichten Atomgewichtsbestimmungen eine allgemeines Mißtrauen erregt, das nur zu sehr berechtigt war. [11].

Heute ist aus der größeren historischen Distanz eine kritische Darstellung der Entwicklung auf diesem Gebiet weit einfacher zu geben. Doch der Blick auf die Wirkung von Berzelius in seiner Zeit zeigt die Größe eines Gelehrten, der in seiner Person noch eine Klärung von Problemen und eine Festlegung der chemischen Nomenklatur ermöglichte, wozu zwölf Jahre nach seinem Tode ein ganzer Kongreß in Karlsruhe notwendig war, der ad hoc keine Klärung herbeiführen konnte. Vielleicht war der Ausruf des Jenenser Chemikers Ludwig: „Berzelius, ist denn kein Berzelius da?" im Vorfeld des Karlsruher Kongresses ein sicherer Ausdruck für die wahre Leistung Berzelius'. 1860 allerdings war dieser Ausruf eher dazu angetan, die führenden Chemiker nur zu verärgern.

Die hier angedeuteten Vorgänge haben auf die Darstellung des Lebens und Wirkens Jöns Jacob Berzelius' neugierig gemacht, der in der Größe der Leistungen und der Vielfalt seiner Betätigungen nahezu einmalig in der Geschichte der Chemie ist. Die schöne Aufgabe, seine Lebenslinien auch in ihrer Wirkung auf die Chemie in Deutschland des 19. Jahrhunderts nachzuzeichnen, bietet die Möglichkeit, wichtige Beiträge zur Herausbildung der wissenschaftlichen Chemie darzustellen.

12

Bittere Kindheit und Jugend

Der Name Berzelius ist, wie die latinisierte Form leicht vermuten läßt, ein Kunstname. Berzelius' Vorfahren hießen Håkansson und bewohnten das Gut Bergsäter bei Motala. Dieser Name des Gutes soll nach Berzelius' eigenen Angaben [B 3, S. 1] dem Urgroßvater Bengt für die Festlegung des Familiennamens als Grundlage gedient haben. Edmund Oskar von Lippmann hat die Vermutung geäußert [12], daß der Name „Berzelaios", was „der Eiserne" bedeutet und sich bei dem jüdischen Geschichtsschreiber Flavius Josephus findet, die Wurzel für den Kunstnamen sein könne, wofür auch die theologische Bildung des Bengt Håkansson (später Berzelius) einen Anhaltspunkt böte. Unabhängig von dieser schwer zu belegenden Wurzel ist es bei Nennung des Namens Berzelius für Nichteingeweihte heute oft schwierig, im Namensträger sogleich einen Schweden zu erkennen.

2 Das Geburtshaus von Berzelius auf dem Gut Väversunda Sögård (Östergötland) im heutigen Zustand. (Aufnahme Gunnar Pipping 1979. Mit freundlicher Genehmigung der Königlich-Schwedischen Akademie der Wissenschaften, Stockholm.)

Jöns Jacob Berzelius wurde am 20. August 1779 auf dem Gut Väversunda Sörgård in Östergötland geboren. Der Vater Samuel war wie seine Vorfahren Geistlicher an der Schule in Linköping, wo die Familie ansonsten wohnte. Kurz vor der Geburt ihres ersten Kindes (Berzelius hatte eine um zwei Jahre jüngere Schwester Flora Christina) war die Mutter Elisabeth Dorothea geb. Sjösteen jedoch auf das elterliche Grundstück gekommen.
Berzelius schien hineingeboren in eine behagliche Welt, die ihm ein Leben ohne Sorgen und unter Freunden garantieren konnte. Doch sein Lebenslauf erfuhr eine zunehmend betrübliche Wendung. Als er vier Jahre alt war, starb sein Vater am 3. September 1783 an der Schwindsucht. Die Mutter kehrte daraufhin in das elterliche Gut Väversunda Sörgård zurück, heiratete aber zwei Jahre später den Pfarrer Anders Ekmarck aus Norrköping. Seinem Stiefvater stellt Berzelius ein vorteilhaftes Zeugnis in seinen „Selbstbiographischen Aufzeichnungen" aus:

Ekmarck war ein Mann von musterhaftem Charakter, der mehr als gewöhnliche Kenntnisse und ein seltenes Erziehungstalent besaß. Er war schon verheiratet gewesen und hatte zwei Söhne und drei Töchter; auch seinen Stiefkindern wurde er ein guter Vater, und meine Mutter lebte ein paar Jahre in glücklicher Ehe mit ihm. [B 3, S. 1].

Die glückliche Ehe fand 1787 ihr jähes Ende durch den Tod der Mutter nach der Geburt eines weiteren Sohnes. Die Tante Flora Sjösteen nahm sich des Haushaltes mit acht Kindern an, der inzwischen an den neuen Wirkungsort des Vaters nach Ekeby verlegt worden war.
Die Erziehung der Kinder legte der durch seine Amtspflichten stark belastete Vater in die Hände von Hauslehrern. Nach Berzelius' Angaben hatte er aber noch soweit Einfluß auf die Kinder, daß er deren Interesse auf die Natur lenkte, was ihm durch seine guten pädagogischen Fähigkeiten erleichtert wurde. Ekmarck stand mit seiner Aufgeschlossenheit gegenüber der Naturforschung in der Tradition jener geistigen Strömung, für die in Schweden der Name Carl von Linné steht. Neben Linné war es auch Johan Palmberg, dessen botanische Forschungen in Schweden sehr bekannt waren und dessen Buch „Der schwedische Pflanzenkranz" [13] Ekmarcks Hauptbuch für botanische Studien war, das er dem Schüler Berzelius neben Sturms „Betrachtungen über die Natur" [14] als Lektüre gab. Die Kenntnis der genannten

Bücher und zahlreiche Gespräche auf Spaziergängen mit dem Stiefvater hatten den Grundstein für den Drang zur Naturkenntnis gelegt.

Allerdings ging auch diese Zeit der anregenden Atmosphäre im Umkreis seines Stiefvaters bald zu Ende, als dieser sich 1791 erneut verheiratete.

Der zwölfjährige Berzelius mußte auf Betreiben der neuen Gattin des Stiefvaters mit seiner Schwester den Haushalt verlassen und zu seinem Onkel Magnus Sjösteen ziehen, der mit seiner Familie auf dem großelterlichen Gut in Väversunda Sörgård lebte und selbst sieben Kinder hatte. Die Tante, die dem Trunk ergeben war, betrachtete die beiden Neuankömmlinge als unzumutbare Belastung. So hat es in der neuen Umgebung sehr oft Szenen gegeben, die den talentierten Jungen kränkten und seinen Charakter merklich beeinflußten. Auch die Tatsache, daß der frühere Hauslehrer mit auf das Gut gekommen war, war für Berzelius nur ein geringer Trost. Seine Liebe zur Natur hatte in der unfreundlichen Familie eine positive Seite. Das ausgiebige Streunen durch die Natur ersparte ihm den unangenehmen Aufenthalt im Haus.

Ab 1793 besuchte Berzelius das Gymnasium in Linköping. Seine Lage besserte sich aber nicht, da mit ihm noch seine Cousins am Gymnasium waren, die im gewohnten rauhen Stil mit ihm verfuhren. Dieser Behandlung entzog sich Berzelius 1794/95 mit einer einjährigen Verpflichtung auf eine Hauslehrerstelle bei der Familie Borré, die auf einem Gut in der Nähe von Norrköping lebte und zwei Söhne hatte.

Diese allerdings waren etwas älter als Berzelius und erwiesen sich als nicht besonders gelehrig, sie wandten sich lieber praktischen Tätigkeiten in der väterlichen Landwirtschaft zu. So hatte Berzelius reichlich Zeit für seine Naturstudien, die sein ehemaliger Hauslehrer, der jetzt im nahen Norrköping als Pfarrer wirkte, auf entomologische Studien lenkte. Die gemeinsamen Exkursionen mit ihm und die Lektüre von Linnés „Fauna suecica" [15] gaben dem eifrigen Bemühen eine solide Basis. Berzelius entwickelte sich zu einem jugendlichen Liebhaber der schwedischen Flora und Fauna, ohne schon umfassende Kenntnisse zu besitzen.

Die Studien änderten seinen Berufswunsch. Statt zum bisher traditionell begründeten Berufsziel eines Theologen neigte Berzelius nun dem eines Arztes zu. Diese Ambitionen wurden nach seiner

Rückkehr in das **Gymnasium** gefördert, da an der sonst wenig erquicklichen Anstalt der Lehrer für Naturgeschichte, Claes Frederik Hornstedt, wirkte, der in Linnés Tradition stand und in Linköping die Schüler für das Studium der Natur begeisterte. Bei dem „vorbelasteten" Berzelius steigerte er die Hinwendung zur Naturforschung in solchem Umfang, daß Berzelius die humanistischen Fächer vernachlässigte. Hornstedt förderte den wißbegierigen Jungen durch die Einbeziehung in Exkursionen und die Anleitung bei der Auswertung des gesammelten Materials.

Zum Jagen von Vögeln für seine Studien beschaffte sich Berzelius mit Hornstedts Unterstützung ein Gewehr, was damals in Schweden keinen amtlichen Einschränkungen unterlag. Allerdings war es Schülern des Gymnasiums nicht gestattet, ein solches zu benutzen. Als Berzelius mit dem geladenen (!) Gewehr auf der Schulter seinem Rektor begegnete, drohte ein Eklat: öffentliche Züchtigung mit anschließender Entfernung vom Gymnasium lautete das Urteil des Lehrerkollegiums.

Die Solidarität der Mitschüler schützte ihn vor der Ausführung des ersten Teils der Strafe, da er sich durch Vorwarnung am folgenden Tag von der Schule fernhielt. Inzwischen hatte sein Lieblingslehrer die Aufhebung des Urteils erwirkt. Ein bitterer Nachgeschmack blieb auf beiden Seiten.

Es wäre unvollständig, nur die Studien in der Natur als die alleinigen Interessen von Berzelius darzustellen. Seine Lektüre beschränkte sich nicht nur auf die Schriften zur Naturlehre. Er gehörte auch einem literarischen Zirkel seiner Mitschüler an, in dem eigene prosaische Versuche sowie eigene Übersetzungen klassischer Dichter vorgetragen wurden.

Allerdings war Berzelius den Sprachstudien in der Schule weniger geneigt. Auf das Hebräische verzichtete er ganz, und auch die weiteren Fächer beachtete er mit wenig Ehrgeiz. Vom Klassenprimus war er weit entfernt. Am Ende der Gymnasialzeit war er Sechster in der Klasse, und noch als reifer Mann konstatiert er resignierend: „Weiter habe ich es nicht gebracht".

Berzelius' Zeugnis am Ende der Schulzeit enthielt das für ihn deprimierende Urteil, daß er ein „junger Mann von guten Naturanlagen, aber schlechten Sitten und von zweifelhaften Hoffnungen sei". Derart beleumundet zog Berzelius im Herbst 1796 nach Uppsala.

16

Studienzeit in Uppsala

Die Universität Uppsala ist die älteste Universiät Schwedens und Nordeuropas und zählt auch zu den ältesten in Europa. Sie wurde 1477 gegründet und galt als führende Universität im Lande neben den 1796 bereits existierenden Universitäten in Lund und dem finnischen Åbo (Turku), das damals zu Schweden gehörte. Die Universität profitierte nicht nur von ihrer Geschichte und einzigartigen Stellung, sondern auch von der Bedeutung Uppsalas als politisches und kulturelles Zentrum Schwedens, die es als Bischofssitz seit 1276 hatte.

3 Uppsala am Ende des 18. Jahrhunderts. Stich von Johan Frederik Martin (Mit freundlicher Genehmigung der Universitätsbibliothek Uppsala).

Auf dem Gebiet der Naturwissenschaften wirkte seit der Jahrhundertmitte das große Vorbild Carl von Linné, der ab 1741 Professor in Uppsala war. In seiner Tradition wurde Berzelius bisher in seinen Naturstudien erzogen. Auch die Chemie erfuhr an der Universität Uppsala im 18. Jahrhundert eine beträchtliche Pflege.

Auf den tüchtigen Johan Gottschalk Wallerius, der ein chemisches Laboratorium mit eigenem Gebäude an der Universität einrichtete und sich der Anwendung der Chemie auf die Landwirtschaft widmete, folgte mit Torbern Olof Bergman ein Chemiker von europäischem Format, der vor allem auf dem Gebiet der Verwandtschaftslehre und der Analyse der Mineralien Bedeutendes leistete.

Zur gleichen Zeit wie Bergman wirkte auch mehrere Jahre Carl Wilhelm Scheele in Uppsala, jedoch nicht an der Universität, sondern als Laborant an einer Apotheke. Doch hat auch er in seinem späteren freundschaftlich kollegialen Verhältnis zu Bergman die wissenschaftliche Entwicklung an der Universität beeinflußt. Das trifft insbesondere auf die Auseinandersetzung um die Phlogistontheorie zu, zu deren prominentesten Vertretern beide gehören.

Von Bergmans bedeutenden Schülern Johan Gottlieb Gahn, dem Mineralogen, Johan Gadolin, der Professor in Åbo wurde, und Johan Afzelius blieb nur der letztere in Uppsala, ohne die Forschungen Bergmans auf vergleichbarem Niveau fortführen zu können. Im ausgehenden 18. Jahrhundert wirkte an der Universität Uppsala als Chemiker noch Anders Graf Ekeberg, der ein Schüler von Martin Heinrich Klaproth war.

Der Stand der chemischen Forschung an der Universität war für Berzelius zunächst aber von geringer Bedeutung, denn er wandte sich seinem Berufswunsch entsprechend dem Medizinstudium zu.

Am 15. März 1797 wurde Berzelius an der medizinischen Fakultät immatrikuliert, nachdem er zuvor das Studentenexamen bestanden hatte. Zunächst erlernte Berzelius weniger medizinische Fakten als vielmehr die lebenden Sprachen Französisch, Deutsch und Englisch, um hierin auch Privatstunden geben und somit seinen Etat aufbessern zu können. Dazu zwang ihn im Juni 1797 das zur Neige gehende kleine Erbteil. Er wurde Privatlehrer in Eggeby, um hier den Zuspruch eines Stipendiums abzuwarten, das ihm die Fortsetzung des Studiums ermöglichen sollte. Im Herbst 1798 war es für Berzelius endlich so weit, und die drükkende Last finanzieller Unbemitteltheit war ihm zunächst genommen. Im Dezember 1798 legte er das „medizinisch-philosophische Examen" (etwa dem Physikum entsprechend) ab, das er gerade noch bestand.

Seine Kenntnisse der Chemie waren so mangelhaft, daß ihn der Ordinarius der Chemie, Afzelius, schon durchfallen lassen wollte, hätte er nicht in der Physikprüfung bei Zacharias Nordmark die Scharte wieder ausgewetzt. Diese Tatsache als Sensation hinstellen zu wollen, ist nicht gerechtfertigt.

Berzelius' Interesse an der Chemie war zu diesem Zeitpunkt überhaupt noch nicht erwacht. Außerdem bedurfte es in dieser Zeit nicht mehrjähriger Studien, um die Chemie erfolgreich beherrschen zu können, so daß für die Chemieausbildung noch ausreichend Zeit war.

Nach dieser peinlichen Prüfung sah sich Berzelius noch nicht zur Chemie hingezogen. Sein Weg zur Chemie verlief auf eine Weise, die für die damalige Entwicklungsperiode der Naturwissenschaften durchaus charakteristisch war.

Sein Stiefbruder Kristofer Ekmarck studierte ebenfalls an der Universität Uppsala. Die beiden verband ein freundschaftliches Verhältnis, so daß Berzelius zu den elektrischen Versuchen Ekmarcks hinzu gezogen und von ihnen beeindruckt wurde. Die Art und Weise dieser Versuche überstieg das Niveau der „elektrischen Unterhaltungen und Spielereien" jener Zeit beträchtlich.

War es oft eine Laune von wohlhabenden Liebhabern, sich an aufregenden Versuchen mit der statischen Elektrizität zu ergötzen, so gehörte Berzelius' Stiefbruder zu denen, die wie viele Naturforscher die Sache mit wissenschaftlichem Ernst betrieben. Er beschäftigte sich mit experimentellen Belegen für die Theorie der Elektrizität nach Robert Symmer. Dieser englische Gelehrte hatte die unitarische Theorie der Elektrizität von den unterschiedlichen Quantitäten einer Art elektrischer Ladung durch die dualistische Theorie der positiven und negativen Ladungen (oder „Kräfte") ersetzt, deren Verhältnis und Wechselwirkung Vorzeichen und Wirkungen der Elektrizität hervorrufen. Außerordentlich wichtig ist die Tatsache, daß in den Experimenten und theoretischen Betrachtungen der beiden jugendlichen Enthusiasten die moderne dualistische Theorie vorherrschte.

Später hat Berzelius seine eigene dualistische elektrochemische

Theorie der chemischen Bindung unterworfen. Wichtig ist weiterhin die Tatsache, daß Berzelius experimentelle Arbeiten selbst ausführte oder ihnen beiwohnte. Der Drang zum Experiment, der das passive Sammeln und Ordnen von Objekten aus Flora und Fauna nun zu einem aktiven Fragen nach den Zusammenhängen in der Natur und vagen Möglichkeiten zur Veränderung wandelte, hat Berzelius in seiner wissenschaftlichen Laufbahn stets beherrscht, auch wenn er darüber das Ordnen und Deuten der Erkenntnisse nie vergaß. Über die gemeinsamen Experimente mit seinem Stiefbruder schrieb Berzelius später:

Schon als ich mich zuerst daran beteiligte, wurde ich von einer früher nicht gekannten Empfindung erfaßt: ich wurde unwiderstehlich von dieser Art, die Wissenschaft zu betreiben, gepackt. Ich mußte die Versuche, die ich ihn machen sah, für mich wiederholen, und da ich keine Instrumente kaufen konnte, mußte ich mit seiner Hilfe provisorische Instrumente ausdenken, die ich selbst machen konnte. [B 3, S. 16].

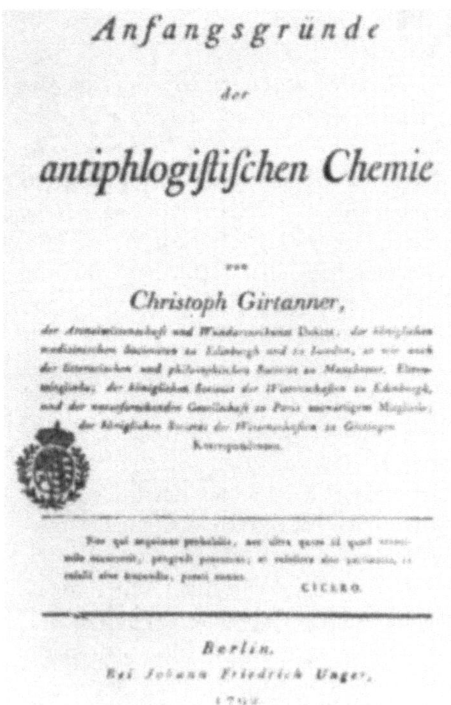

4 Die Lektüre von Girtanners Buch „Anfangsgründe der antiphlogistischen Chemie" (hier das Titelblatt der Erstauflage) war der Start für Berzelius' glänzende Laufbahn als Chemiker.

Welcher Anlaß die beiden auf ihre empfindlichen Lücken in ihren chemischen Kenntnissen aufmerksam machte, ist nicht überliefert. Jedenfalls stürzten sie sich bald in das literarische Studium der Chemie, wozu sie Girtanners „Anfangsgründe der antiphlogistischen Chemie" [16] erwarben und vollständig durcharbeiteten. Für die Auswahl dieses Buches eines weniger bedeutenden deutschen Mediziners, Chemikers und Publizisten gibt Berzelius in seinen Lebenserinnerungen als Grund lediglich an, daß es billig zu haben war. Wahrscheinlich sind Berzelius und sein Stiefbruder bei der Wahl des Buches sowohl durch die wissenschaftliche Auseinandersetzung zwischen den Anhängern der Phlogistontheorie und denen der neuen Lavoisierschen Oxidationstheorie als auch durch den Adjunkten Ekeberg, der als Schüler des Greifswalder Chemikers und Verfechters der Lavoisierschen Theorie, Christian Ehrenfried von Weigel, die neue Lehre und ihre Streitschriften mitbrachte, beeinflußt worden.

Berzelius' Äußerung „Girtanners Buch war geschickt abgefaßt und erregte die jungen Köpfe dadurch, daß es zugleich eine Art von Parteischrift gegen das Phlogiston war", deutet die Wirkung des Werkes auf die jugendlichen Leser an. Tatsachlich besaßen die beiden Adepten in der Publikation Girtanners eine der ersten Darstellungen der modernen Oxydationstheorie in deutscher Sprache, in der nur Lavoisiers Terminologie Anwendung fand, die sie deshalb von Anfang an erlernten. Mit der Durcharbeitung des Buches hatte Berzelius nicht nur seine Grundkenntnisse der Chemie erlangt, sondern diese entsprachen auch dem neusten Stand der theoretischen Anschauungen. Er urteilte später selbst darüber:

Das wissenschaftliche Studium der Chemie war damals leicht genug, denn die antiphlogistische Theorie verwarf anfänglich alles, was sie nicht hinreichend erklären konnte, und was sie erklärte, hielt sie nicht selten für einfacher als es war. [B 3, S. 17].

Diese Tatsache war allerdings von didaktischem Vorteil, der auch heute in jeder guten Einführung in ein Wissensgebiet genutzt wird. Die Erkenntnis, daß die Dinge doch komplizierter sind, als sie zunächst scheinen, stellt sich mit zunehmender Beschäftigung mit einem Gegenstand von selbst ein. Sicher hat diese Darstellung der Chemie die spätere Laufbahn von Berzelius bestimmt, denn noch immer war er Student der Medizin und wollte und sollte ein ausgebildeter Mediziner werden. Die Lust zur experi-

mentellen Beschäftigung mit der Chemie wurde sicher durch den
Umstand gesteigert, daß ihm die Erfüllung dieses Wunsches zunächst versagt blieb. Als sich Berzelius beim Chemieordinarius
Afzelius zum Laboratoriumskurs anmeldete, ließ dieser den jungen, manchmal aufbrausenden Starrkopf abblitzen.
Er solle erst Hagens „Lehrbuch der Apothekerkunst" [17] studieren. Berzelius tat es, doch brachte das Buch wenig Neues und
nichts Modernes zur Chemie, so daß er es schnell genug durch-
gearbeitet hatte, um den Beginn des Praktikums nicht zu verpas-
sen. Der Ablauf des Praktikums war für den eifrigen Experimentator Berzelius viel zu langsam. Er begann völlig selbständig zu
arbeiten und verschaffte sich auch außerhalb der Öffnungszeiten
Zutritt zum Laboratorium mit Unterstützung des Laboratoriums-
dieners. Für diese Extraleistung mußte Berzelius ein Trinkgeld
aufbringen. Afzelius kam dem jungen Berzelius auf die Schliche
und ermöglichte ihm den häufigen Zutritt zum Laboratorium.
Diese großzügige Geste kann jedoch nicht darüber hinwegtäu-
schen, daß das Verhältnis der beiden von Spannungen nie völlig
frei war. Im Laboratorium selbst wirkte der Adjunkt Ekeberg,
dessen Hilfe in Anspruch zu nehmen sich aber etwas schwierig
gestaltete, da er fast taub und auf einem Auge blind war.
Afzelius ließ sich kaum im Laboratorium sehen, wofür weniger
ständige Sitzungen und bürokratische Obliegenheiten die Ursache
waren, sondern vielmehr ausgeprägtes Desinteresse. Chemievorlesungen hat Berzelius nie gehört. Afzelius trug über Mineralogie
vor, was er derart langsam tat, daß sich Berzelius die Besuche
der Vorlesungen ersparte. Die Chemievorlesung Ekebergs konnte
Berzelius nicht besuchen, da er das notwendige Honorar nicht
aufbringen konnte. Dagegen hörte Berzelius ausgiebig Anatomie
und weitere medizinische Vorlesungen.
Chemische Versuche trieb er in seinen Mußestunden zur Erholung
auch in seinem Zimmer. Es scheint, als habe es in Berzelius' Ausbildung eine Zweiteilung gegeben: sein Beruf sollte der des Mediziners sein, seine Berufung jedoch war die Chemie. In der Chemie aber ist er Autodidakt geblieben, was kein Hindernis war,
später seiner inneren Berufung zu folgen. Zunächst jedoch mußte
er das Studium der Medizin abschließen und dabei seine bedrük-
kende finanzielle Situation meistern. In Sommerpausen hatte er
sich ein Unterkommen zu suchen, um seine Finanzen nicht noch

mehr zu belasten. Es zog ihn im Sommer 1799 in eine Apotheke, wo er hoffte, chemische Experimente ausführen zu können. Er konnte jedoch nichts ausrichten, da der Apotheker nichts von Chemie hielt. Dafür lernte er mit beträchtlichem Eifer bei einem in Vadstena ansässigen Italiener das Glasblasen. Im Sommer 1800 war er auf Vermittlung des Arztes Sven Hedin (nicht zu verwechseln mit dem Forschungsreisenden) Armenarzt in Medevi, wo eine Heilquelle existierte. Seine finanzielle Lage konnte Berzelius nicht erheblich bessern, doch ausreichend Eindampfrückstände der Quellwasser sammeln, die er im Herbst des Jahres in Uppsala analysierte, wobei ihm sowohl Afzelius als auch Ekeberg keine Unterstützung in wissenschaftlicher Hinsicht geben konnten. Er blieb auf sich allein und die Lektüre von Torbern Bergmans Arbeit zur Analyse des Mineralwassers aus dem Jahre 1782 gestellt. Die Ergebnisse der Analyse faßte er zusammen, übersetzte sie unter Mithilfe seines Stiefbruders ins Lateinische und reichte sie unter dem Titel „Nova analysis aquarum Medariensum" als medizinische Kandidatenarbeit ein. Hierbei blieb Berzelius, der an Zurücksetzungen und verletzende Begebenheiten gewöhnt war, eine weitere nicht erspart.

Afzelius sollte ihn als Chemieordinarius vor Ablegung der Prüfung in pharmazeutischer Chemie examinieren. Doch der weigerte sich, da er gerade mit der medizinischen Fakultät im Streit lag, um darin Sitz und Stimme zu erhalten. Gewöhnlich nahmen solche Auseinandersetzung über die Zulassung von „ungebildeten" (d. h. nicht das Physikum absolvierenden) Naturwissenschaftlern zur medizinischen Fakultät an Universitäten viel Zeit in Anspruch, da sie mit beträchtlicher Schärfe geführt wurden. Aber Berzelius hatte Glück im Unglück, der Kanzler der Universität entschied relativ schnell zu Afzelius' Gunsten. So konnte er die verschiedenen Prüfungen, die auch an seinem dünnen Geldbeutel zehrten, absolvieren und bestand am 20. Mai 1801 das Kandidatenexamen. Im Juni 1801 lief Berzelius' Stipendium ab, doch konnte ihm Hedin ein „chirurgisches Stipendium" vermitteln, das ihm den weiteren Verbleib an der Universität Uppsala sicherte. Am 11. Dezember 1801 legte er das Lizentiatenexamen ab und hatte inzwischen seine Dissertation „De Electricitatis Galvanicae Apparatur cel. Volta Exitae in Corpora Organica Effectu" [A 1] eingereicht, die er in Disputationen am 6. Dezember 1801 und am

1. Mai 1802 verteidigte. Zum Doktor der Medizin wurde er aber
erst 1804 promoviert.

Damit war die Studienzeit zu Ende und der Weg für eine Laufbahn als Mediziner im Prinzip frei. Die These, daß für Berzelius nun erst der Ernst des Lebens begann, läßt sich nicht aufstellen. Er hatte eine Kindheit und Jugend hinter sich, die ihm viel Ernstes gebracht hatte, doch ließ er sich von den Widrigkeiten nicht niederbeugen. Weitere hatte er in den ersten Jahren seines Berufslebens zu bestehen.

Erste Anstellung —
Elektrochemische Experimente

Im Sommer 1802 vertrat Berzelius seinen Förderer Hedin als
Arzt auf einigen Inseln des Mälaren-Sees in der Nähe Stockholms.
Im gleichen Jahr wurde er Adjunkt der Medizin und Pharmazie
am chirurgischen Institut, dem späteren „Karolinska Institutet",
in Stockholm. Berzelius hatte nun eine Anstellung, aber kein Einkommen, denn die Stelle war ohne Gehalt. Vielleicht war die
finanzielle Seite für Berzelius, der Geldsorgen gewöhnt war und
sich auch nach anderen Einkünften umsah, noch zu verschmerzen.
Viel schlimmer war der Umstand, daß sein Wunsch nach einem
eigenen Laboratorium nicht in Erfüllung ging. Aber beide Probleme ließen sich lösen.
Durch die Zusammenarbeit mit dem Besitzer einer Mineralwasserfabrik konnte Berzelius spärlich für seinen Lebensunterhalt
sorgen, während ihm ein Laboratorium durch den Bergwerksbe-
sitzer Wilhelm Hisinger zur Verfügung gestellt wurde. Hisinger
führte selbst chemische Experimente aus, die nun in einer Ge-
meinschaftsarbeit fortgesetzt wurden. Das Laboratorium befand
sich im „Deutschen-Bäcker-Haus", das bis 1907 existierte. Hier
entstand die erste international bedeutende Arbeit Berzelius', die
nicht zufällig eine elektrochemische war.
Die ersten Jahre des neunzehnten Jahrhunderts brachten eine Flut
von elektrochemischen Forschungen und Schriften, die ihre Ursache in der Publikation von Alessandro Volta hatten, in der er
die Konstruktion der nach ihm benannten Säule vorstellte. Damit
war eine kontinuierlich arbeitende Stromquelle zugänglich, die
elektrische und elektrochemische Versuche in einer neuen Dimen-
sion zuließ. Diese Möglichkeit wurde von den Forschern sofort
erkannt und aufgegriffen, war doch der Grundstein dazu schon
gelegt, als im letzten Jahrzehnt des achtzehnten Jahrhunderts umfangreiche Experimente mit der statischen Elektrizität ausgeführt
wurden. Einen entscheidenden Anstoß dafür gaben die Forschungen Luigi Galvanis, der mit seinen berühmten Froschschenkel-
versuchen eine „tierische Elektrizität" nachgewiesen haben wollte.

Diese vitalistische Deutung war zwar bald darauf von Volta entkräftet worden und damit der Weg zur Entwicklung der Elektrochemie geebnet, doch wurden vor und neben Galvani zahlreiche Experimente zur medizinischen Anwendung der Elektrizität und zur Existenz elektrischer Vorgänge in tierischen Körpern ausgeführt und in zahlreichen Arbeiten publiziert, von denen die Bücher des Tiberio Cavallo und des jungen Alexander von Humboldt [18] vielleicht die wichtigsten sind.

5 Das früheste Berzelius-Porträt auf einer schwedischen Briefmarke. Der unbekannte Urheber des kolorierten Originals versuchte die harte Arbeit des Chemikers im Laboratorium recht angenehm darzustellen

In dieser medizinischen Entwicklungslinie der elektrischen Untersuchungen befand sich auch Berzelius' Stiefbruder Ekmarck, als er seine Experimente ausführte und Berzelius in seine Forschungen einbezog. Seitdem sind die experimentellen Arbeiten über die Wirkungen der Elektrizität im Gesichtsfeld von Berzelius. Während seines Aufenthaltes in Medevi untersuchte er nicht nur das Mineralwasser, sondern baute sich selbst eine Voltasche Säule,

26

nachdem der berühmte Brief Voltas an den Präsidenten der Royal Society, Sir Joseph Banks, über die Konstruktion dieser Säule auch in Schweden bekannt geworden war. Berzelius verfügte nun über eine Säule aus je 60 Kupfer- und Zinkplatten. Es war für ihn naheliegend, sie zur Therapie einzusetzen. Seine ausgiebigen Versuche an Kranken blieben ohne Erfolg. Er faßte seine Ergebnisse kritisch in der schon erwähnten Dissertation zusammen, die natürlich unter medizinischem Aspekt abgefaßt war, schließlich wollte er den medizinischen Doktorgrad damit erwerben. Am Schluß seiner Dissertation kam Berzelius auf die für die Theorie interessante Frage, ob ein Unterschied zwischen der Reibungselektrizität und der der Voltaschen Säule existiere.
Er glaubt, das verneinen zu müssen.
Berzelius war auch in Schweden nicht der einzige, der mit einer Voltaschen Säule experimentierte. Es gab eine „Galvanische Gesellschaft", zu deren Hauptstützen Hisinger und Gahn gehörten. Die Gesellschaft besaß eine sehr starke Voltasche Säule und führte umfangreiche Experimente aus, denen Berzelius ab März 1802 beiwohnte. Der Fülle an experimentellem Material, das sich bis 1802 angesammelt hatte, suchte Berzelius dadurch zu begegnen, indem er eine Ordnung hineinbringen wollte. Dazu verfaßte er die 145 Seiten umfassende Schrift „Afhandling om galvanism", (Abhandlung über Galvanismus) [A 2], die er seinem Förderer Hedin widmete. Diese Literaturschau war für Berzelius wichtig, weil er sich selbst Klarheit über den Stand der Kenntnisse zur chemischen Wirkung der „strömenden Elektrizität" verschaffen konnte, was die Grundlage für eine eigene schöpferische Leistung bildete. Es überrascht nicht, daß Berzelius, der durch Girtanners Buch im Sinne Lavoisiers „chemisch" erzogen war, der elektrochemischen Beweisführung für die Bestandteile des Wassers folgte, bildete doch gerade die Zusammensetzung des Wassers eine Hauptstütze der Oxydationstheorie. Die dagegen eingebrachten Argumente konnte Berzelius widerlegen. Weiterhin erkannte er die bisher uneinheitliche Meinung über die Reaktionsprodukte bei der Elektrolyse von Säuren und Salzen in Wasser, die zu eigenen ausführlichen Versuchen Anlaß gab. Natürlich ging Berzelius im letzten Teil seiner Abhandlung auf zwei Hauptprobleme der in der Entstehung begriffenen Elektrochemie ein: 1. Wie verlaufen die chemischen Vorgänge an den Elektroden (nach bishe-

riger Bezeichnung Polen der Voltaschen Säule) und 2. Weshalb
arbeitet die Voltasche Säule?

Die erste Frage entschied er im Sinne der vorherrschenden Auffassung, indem er eine Reaktion zwischen dem imponderablen
Stoff „Elektrizität" und einem Bestandteil der Verbindung, z. B.
des Wassers, annahm, wodurch der zweite Bestandteil in Freiheit
gesetzt wird. Bei der zweiten Frage mußte sich Berzelius allerdings zwischen zwei Lehrmeinungen entscheiden. Die eine war
die auf Volta zurückgehende Kontakttheorie, die als Ursache für
die Potentialausbildung den Metallkontakt annahm, und die
zweite die chemische Theorie, die auf Fabbroni zurückging und
als Ursache für den Stromfluß die chemischen Reaktionen in der
Säule ansah. Berzelius neigte der letzteren zu und blieb bis an
sein Lebensende ein Verfechter dieser Theorie.

Die Hinwendung zu chemischen Aspekten der elektrischen Erscheinungen vollzog Berzelius gemeinsam mit Hisinger nun auch
auf experimentellem Wege. Diese „Versuche betreffend die Wirkung der elektrischen Säule auf Salze und auf einige von ihren
Basen" [19] wurden im ersten Band von Gehlens „Neuem Allge-
meinem Journal der Chemie" 1803 veröffentlicht. Sie beinhalten
die Resultate der Elektrolyse wäßriger Lösungen von Salzen,
Säuren und Laugen. Von den Salzen waren es besonders die Al-
kali- und Erdalkalisalze, die bisher wenig untersucht waren. Im
letzten Teil der Publikation [19, S. 142] sind „Allgemeine Folge-
rungen" aus den Versuchen mitgeteilt, die die Handschrift Berzelius' tragen und einige Schlußfolgerungen auf seine wissenschaftlichen Anschauungen zu dieser Zeit zulassen, die bisherigen
wissenschaftshistorischen Studien entgangen sind. Die Zusammenfassung enthält sieben Punkte, die die Hauptgesichtspunkte der
Untersuchung angeben: Nachdem im ersten und zweiten Punkt
festgestellt wird, daß sich die Bestandteile der Lösung an den
Elektroden (meist aus Eisen) sammeln und die zu einer Elektrode
wandernden Teilchen eine (chemische) Analogie aufweisen, über-
schreiten die Aussagen des dritten und vierten Punktes die Auffassungen der Zeitgenossen im Jahre 1803. Die „relative Quantität
der Zerlegung", die wir heute als Ausdruck für den geflossenen
Strom ansehen würden, ist nach Berzelius und Hisinger der „Affinität der Stoffe" zur Elektrizität und der Größe der Elektroden
proportional. Diesen Schluß weiter auszudeuten konnte den Ver-

28

fassern nicht gelingen, weil das begriffliche Gerüst (Strom, Spannung, Potential) der Elektrizitätslehre noch nicht vollkommen ausgebildet war. Im vierten Punkt geben die Autoren ebenfalls einen Befund an, mit dem sie der Zeit vorauseilten: „Die absolute Quantität der Zerlegung verhält sich wie die Quantität der Elektrizität". [19, S. 143] Das ist die Vorwegnahme des Faradayschen Gesetzes, das von dem englischen Naturforscher erst 1833 aufgestellt wurde. Daß diese von Berzelius und Hisinger gefundene Tatsache zum Zeitpunkt der Entdeckung nicht von den Gelehrten in Europa erkannt wurde, obwohl es in einer anerkannten und verbreiteten Zeitschrift publiziert wurde, liegt einfach an dem Umstand, daß die Autoren zu diesem Zeitpunkt völlig unbekannt waren. Wenn bisher in wissenschaftshistorischen Arbeiten dieser Zusammenhang nicht herausgestellt wurde, so ist das auf die geringe Kenntnis der Originalarbeit zurückzuführen. Auch im fünften Punkt der Zusammenfassung findet sich der Vorläufer eines bedeutenden Gesetzes: „Je schwerer eine Flüssigkeit die Elektrizität hindurchläßt, je kräftiger widersteht sie der Zerlegung" [19, S. 145]. Das ist eine mögliche Formulierung des Ohmschen Gesetzes, wenn man auf die Begriffe Spannung, Stromstärke und elektrischer Widerstand verzichtet (oder verzichten muß). Das Ohmsche Gesetz hatte noch weitere Vorläufer, u. a. auch in Ergebnissen von Davy, ehe es sich in der von Georg Simon Ohm gegebenen Form langsam durchsetzen konnte. Berzelius' Feststellung gehört zu den vielen Vorarbeiten, die für den theoretischen Fortschritt in der Wissenschaft einfach notwendig sind.
Im sechsten Punkt sind die Ursachen für das Auftreten der Elektrolyseprodukte genannt, die mit der Affinität zur Elektrode, der Affinität der Reaktionsprodukte untereinander und der Kohäsion der neuen Verbindungen angegeben wurden. Im siebenten und letzten Punkt werden als Zersetzungsprodukte des Wassers und wäßriger Lösungen die Gase Sauerstoff und Wasserstoff aufgeführt, doch wird diese Aussage nicht allgemein aufrechterhalten und für Schwefelsäure beispielsweise ein Schwefelniederschlag an der Kathode, bei Salpetersäure eine kathodische Stickstoffentwicklung angegeben. Es erscheint wichtig, auf diesen Umstand hinzuweisen, da sonst beim Leser der Eindruck entstehen könnte, Berzelius und Hisinger hätten alle anstehenden Probleme der Elektrochemie geklärt, seien aber nur in ihren Leistungen verkannt wor-

den. Inwiefern sie nach Abschluß der Untersuchungen selbst der erstgenannten Meinung waren, ist nicht mehr zu belegen. Auffallend ist jedoch, daß es eine Fortsetzung der grundlegenden elektrochemischen Untersuchungen nicht gab. Sowohl Hisinger mit seinen Anwendungen der Voltaschen Säule in der Zersetzung tierischer und pflanzlicher Produkte als auch Berzelius mit der Arbeit „Elektroskopische Versuche mit gefärbten Papieren" [20] schweiften vom Kern der Untersuchungen ab. Eine Begründung dafür ist nicht die Aufnahme von Mineralanalysen durch Berzelius und Hisinger 1803, die mit der Entdeckung des Ceriums einen Erfolg zeigten und auf die noch zurückzukommen ist. Es scheint vielmehr, als ob den beiden noch das Konzept fehlte, die elektrochemischen Untersuchungen fortzuführen. Dazu bedurfte es eines Anstoßes von außen, woraufhin allerdings Berzelius dann seine Arbeiten bis zur Aufstellung einer eigenen Theorie fortsetzte. Der Anstoß war eine Arbeit von Humphry Davy [21].

6 Humphry Davy Holzstich von Ernst Hasse. (Mit freundlicher Genehmigung der Staatlichen Kunstsammlungen Dresden.)

Der gleichaltrige Davy war im ersten Jahrzehnt des 19. Jahrhunderts seinem schwedischen Kollegen um eine Größenordnung überlegen. Frühzeitig an wissenschaftlichen Forschungen mit bedeutenden Gelehrten beteiligt, fand er bald an der Royal Institution in London eine Arbeitsstätte von internationaler Wirksamkeit, die auch aus der Bedeutung Londons als Machtzentrum eines

führenden europäischen Landes erwuchs. Davy hatte schon kurz
nach der Veröffentlichung Voltas über dessen Säule eigene Versuche zur Erklärung der Wirkungsweise derselben angestellt.
Seine Lehrtätigkeit an der Royal Institution sowie seine angewand-
ten Forschungen hatten ihm jedoch eine mehrjährige Pause in
seinen elektrochemischen Untersuchungen auferlegt. Erst Anfang
1806 wandte er sich wieder den elektrochemischen Arbeiten zu.
Dabei bewegte er sich in jenem Arbeitsgebiet, das Berzelius und
Hisinger in ihrer Publikation bearbeitet hatten. Wenn Berzelius
rückblickend in seinen „Selbstbiographischen Aufzeichnungen"
sagt:

Die Abhandlung (von Berzelius und Hisinger – L. D.) enthält die Grundlage derjenigen Gesetze, auf welchen die elektrochemische Theorie sich
später aufbaute. Als aber $4^1/_2$ Jahre später Humphry Davy durch Anwendung
dieser Gesetze mit den glänzendsten Entdeckungen, welche die Wissenschaft
aufzuweisen hat, hervortrat, ließ der Neid uns Gerechtigkeit widerfahren.
[B 3, S. 29],

so wird er Davy nicht gerecht, denn dieser führte die Arbeit der
beiden mit neuen eigenen Ideen weiter, wobei er diese Arbeit von
Berzelius und Hisinger nach einer französischen Quelle zitierte
[22]. Die Bemerkung hinsichtlich des Neides (in der etwas unge-
schickten deutschen Übersetzung von 1903) betrifft die Auszeichnung Davys mit dem Voltapreis durch Napoleon I. im Jahre 1807
für dessen Publikation.
Die 1819 von Louis Nicolas Vauquelin gegebene und von Berzelius gern zitierte Rechtfertigung,

Wir betrachten es als eine Pflicht, Ihnen zu sagen, daß wenn uns Ihre und
Herrn Hisingers Arbeit über die Chemischen Wirkungen der elektrischen
Säule bekannt gewesen wäre, als Davy den großen Preis von uns erhielt,
wir ihn, zwischen Ihnen beiden und ihm (d. h. Davy) geteilt hätten. [B 3,
S. 29],

ist eher französischer Höflichkeit als der Schilderung der tatsäch-
lichen Situation zuzuschreiben.
Davy hatte in seiner Publikation, die den Inhalt der Bakerian-
Lecture[1]) der Royal Society für 1806 wiedergibt, fünf wesentliche
Punkte der elektrochemischen Forschung der Zeit bearbeitet. Die
Elektrolyse des Wassers in Goldgefäßen lieferte den Beweis

---

[1]) Die auf eine Stiftung von Henry Baker gegründete und alljährlich gehaltene Vorlesung über die neusten Ergebnisse der Naturwissenschaften gilt bis
heute als große Auszeichnung für ein Mitglied der Royal Society.

unter den besten experimentellen Bedingungen, daß die alkalische bzw. saure Reaktion an den Elektroden auf Verunreinigungen zurückzuführen ist und das Wasser nur in Sauerstoff und Wasserstoff zerlegt wird. Seither gilt dieser Befund als endgültig gesichert. Die Elektrolyse an Salzlösungen führte Davy bei verschiedenen Konzentrationen aus und fand, daß in gesättigten Lösungen die elektrochemischen Reaktionen schneller ablaufen, was den späteren Entschluß zu Elektrolysen in Salzschmelzen nahelegte.

Im dritten Teil lieferte Davy brillante experimentelle Studien in Fortsetzung der von ihm nicht zitierten bedeutenden Publikation von Theodor von Grotthus über Ionenwanderung. In dem Hauptkapitel der Arbeit legte Davy seine theoretischen Auffassungen zur Elektrochemie dar. Er stellte das Postulat auf, daß sich die chemische Bindung in ihrer Stärke (als Affinität der Stoffe) aus dem elektrochemischen Verhalten der Verbindung ableitet. Weiterhin sah er es als Grundgestz an, daß die „Intensität und Menge" der Elektrizität einer Voltaschen Säule das Maß für die „elektrischen Kräfte der Körper" seien. Für Davy liefert damit die Voltasche Säule die Möglichkeit, jeden zusammengesetzten Stoff zu zerlegen, sofern diese Säule von ausreichender Stärke ist. Dieses Konzept ist an dieser Stelle noch nicht ausformuliert, doch zeigen seine erfolgreichen Anwendungen durch Davy schon, daß er unter diesem Aspekt arbeitete.

In seinem theoretischen Teil ging Davy somit weit über Berzelius hinaus. Noch im letzten Abschnitt seiner Abhandlung, in dem er sich dem Kardinalproblem der Elektrochemie von der Ursache des Stromflusses in der Voltaschen Säule zuwandte, brachte er eine sehr interessante Deutung des Phänomens ein. Er nahm eine Mittelstellung zwischen der Kontakttheorie Voltas und der chemischen Theorie der Voltaschen Säule ein, dem er bei der Wirkung der Voltaschen Säule die „power of action" und die „permanent action" unterschied, für erstere machte er eine Kondensatorwirkung und für letztere chemische Vorgänge verantwortlich. Davy fuhr nach dieser so erfolgreichen (in Hinblick auf die wissenschaftliche Ausbeute wie die öffentliche Anerkennung) Publikation fort, elektrochemische Experimente anzustellen. Dabei entdeckte er die Metalle Natrium und Kalium, was unter den Naturforschern als Sensation betrachtet wurde.

Da fand Berzelius seinen Hang zur Elektrochemie wieder. Hatte er nicht seine Experimente nur soweit geführt, daß in natrium- und kaliumhaltigen Lösungen Korrosion an den Elektroden und eine alkalische Reaktion eintrat? Nun war die Neugier entfacht, diese ihm entgangenen Elemente auch einmal selbst darzustellen. Doch seine Voltasche Säule war zu schwach, um eine Metallabscheidung zu erreichen.

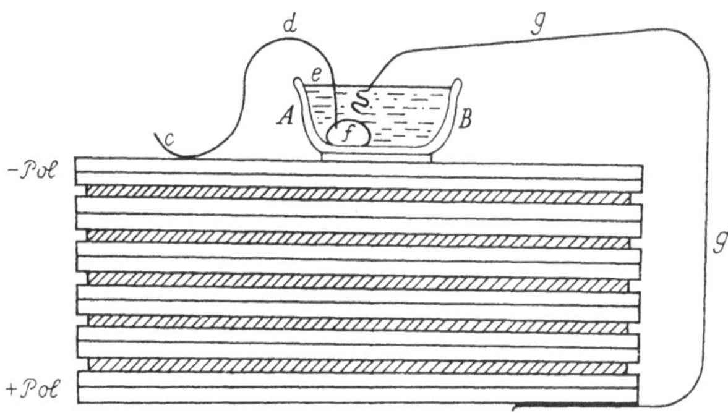

7 Anordnung zur Elektrolyse mit einer Quecksilberkathode (f) zur Abscheidung von Alkalimetallen nach Berzelius und Pontin (aus [B 12]).

Seine Versuche, die er mit dem befreundeten königlichen Leibarzt Magnus Martin Pontin ausführte, wußte er nun zu modifizieren. [23] Einem Hinweis Davys folgend, daß sich Kalium in Quecksilber löst, gingen die beiden schwedischen Forscher zur Verwendung einer Quecksilberkathode über, an der sich Kalium unter Amalgambildung abscheiden läßt. Das Kaliumamalgam wurde näher untersucht, was beide zu weiteren Versuchen mit den Erdalkaliverbindungen ermutigte, um auf diesem Wege zu den Metallen zu kommen. Tatsächlich gelang es, das Calcium- und Bariumamalgam herzustellen. Diese Ergebnisse teilte Berzelius im Mai 1808 Davy brieflich mit, der sofort die Versuche wiederholte und auf das Strontium und das Magnesium ausweitete. Ihm gelang nun erstmals die Darstellung der Metalle, indem er das Quecksilber abdestillierte.
Berzelius und Pontin wiederum hatten die Priorität bei der Darstellung des Ammoniumamalgams gegenüber Davy, doch führte zur gleichen Zeit Thomas Johann Seebeck in Jena elektrochemische Versuche mit dem gleichen Erfolg aus. Während sich Seebeck

einer Erklärung für die Zusammensetzung des Amalgams enthielt, gaben sowohl Berzelius als auch Davy eine Deutung an. Berzelius hielt das Amalgam für die Quecksilberlegierung einer Verbindung von Stickstoff und einem Metall, woraus er den folgenschweren Schluß zog, die Analogie zwischen dem Ammoniumamalgam und der Alkali- und Erdalkaliamalgame liefere den Beweis, daß auch die Alkali- und Erdalkalimetalle zusammengesetzte Verbindungen und keine Elemente seien. Mit dieser Auffassung lief Berzelius zunächst in die Irre. Auch Davy ging es nicht besser. Er hielt den Stoff im Amalgam für ein Metalloxid und nannte ihn daher erstmals „Ammonium". Die Bezeichnung wurde bis heute beibehalten, die Strukturauffassung jedoch nicht.

Diese beiden Ansichten riefen nun wiederum zwei französische Forscher, Joseph-Louis Gay-Lussac und Louis Jaques Thenard, auf den Plan, die die kontroverse (und später als richtig erkannte) Deutung lieferten, Ammonium sei aus Ammoniak und Wasserstoff zusammengesetzt [24], was sich aus den früheren Arbeiten ihres Landsmannes Claude Louis Berthollet ergab. Der sich anschließende Meinungsstreit trug dann zur Klärung dieses Problems bei. Berzelius hielt an seiner Meinung aber noch beinahe 12 Jahre lang fest.

Das Bild der elektrochemischen Forschungen Berzelius' wird vervollständigt durch seine Arbeit „Die Theorie der elektrischen Säule" [25], die er 1807 ebenfalls in Fortsetzung seiner früheren Versuche unter dem Eindruck der ersten großen elektrochemischen Publikation Davys anstellte. Die Frage nach der Ursache des Stromflusses in der Voltaschen Säule entschied Berzelius auch hier eindeutig zugunsten der chemischen Theorie und griff die Voltasche Theorie als unhaltbar an. Seiner Meinung nach ist die Oxydation der Metalle für die Entstehung des elektrischen Stroms verantwortlich, was er u. a. dadurch belegte, daß die Voltasche Säule in einer sauerstofffreien Atmosphäre zu wirken aufhört. Diese anfechtbaren Belege in beiden Theorien führten dazu, daß der Streit zwischen beiden noch lange hin und her wogte. Berzelius hat sich daran nicht mehr beteiligt (von einer Mitteilung 1808 abgesehen), denn er hat nach der experimentellen Arbeit von 1808 nicht mehr auf elektrochemischem Gebiet gearbeitet. Seine elektrochemische Theorie, auf die noch einzugehen sein wird, stellt einen

wichtigen Beitrag zur Theorie der Bildung chemischer Verbindungen, der Affinitätslehre, dar, die auf elektrochemischen Erkenntnissen aufbaut und ab 1812 entwickelt wurde. Sie ist aber
weniger eine Leistung auf dem Gebiet der Elektrochemie.
Mit den wissenschaftlichen Unternehmungen aus dem Jahre 1808
ist aber der chronologischen Schilderung, bedingt durch die Erläuterung einer wissenschaftlichen Thematik, vorgegriffen worden
Zunächst war die Darstellung im Jahr 1803 abgebrochen.

Der Weg zum Professor

Berzelius war zwar in seinen wissenschaftlichen Arbeiten und Anschauungen ganz unabhängig, nicht aber finanziell. Seine Lage als unbezahlter Adjunkt war sehr bedrückend. Er lebte im Haus des Unternehmers Lars Gabriel Werner, der „stolzer" Besitzer einer schlecht gehenden „Anstalt für künstliche Mineralwässer" war. Berzelius hatte hier karge Kost und Logis, wofür er in wissenschaftlichen Leistungen als Arzt und Chemiker „zahlen" mußte. Trotz dieses „preiswerten" Mediziners warf die Anstalt wenig Geld ab. Berzelius selbst war in seiner Lebensführung nicht gerade verwöhnt und auch im Essen wenig anspruchsvoll, doch die Freunde schienen besorgt, weil er immer mehr vom Fleische kam. Eine geringe finanzielle Erleicherung brachte das Amt eines Armenarztes, doch er benötigte Geld zur Begleichung von Schulden, die er mit dem jungen Chemiker Gustav Magnus Schwartz bei der Einrichtung eines (dann allerdings schlechtbesuchten) Vorlesungskurses gemacht hatte. Sein Ziel, „Lehrer und Gelehrter" zu werden, schien nahezu unmöglich, da er keine Chancen auf eine besoldete Anstellung am Institut hatte. Nachdem am Institut die Stelle des Professors Anders Sparrman frei geworden war, bewarb sich Berzelius darum, doch erfuhr er wieder eine Zurückstellung, denn ein anderer Bewerber, der nahezu gleichaltrig war, wurde ihm vorgezogen und 1805 als Professor am chirurgischen Institut angestellt. Gleichzeitg ernannte das Collegium medicum Berzelius zwar zum Assessor, was aber nicht an ein Gehalt gebunden war.
Der gesellschaftliche Verkehr mit seinen jugendlichen Universitätsfreunden und in einigen angesehenen Familien Stockholms ließ ihn zwar das Leben etwas leichter nehmen, aber sein „Freund" Werner, dem er als Kompagnon der Firma finanziell verpflichtet war, machte hochverschuldet bankrott, und Berzelius hatte für die nächsten zehn Jahre die Last, den Schuldenberg abzutragen. Die wirtschaftliche Situation Werners durch Verbesserungen seiner Mineralwasserfabrik und der neu hinzugekommenen Essig-

fabrik zu heben, war Berzelius' Sache nicht. Er kommentierte es
später selbst:

... mir fehlte jedes Talent zu industrieller Verwertung der Wissenschaft,
ein Mangel, der mir während meines ganzen Lebens blieb und für mich
viele Verluste mitbrachte. [B 3, S. 38].

Unerwarteterweise nahm seine verbaute akademische Laufbahn
eine glückliche Wendung.

1806 verstarb der neu in sein Amt gekommene Professor, und
Berzelius wurde sofort zum Lektor der Chemie ernannt, jetzt aller-
dings mit einem Gehalt von 100 schwedischen Reichstalern. Im
Januar 1807 wurde Berzelius zum Professor für Medizin und
Pharmazie berufen und hatte nun mit dem Gehalt von 166 Reichs-
talern „ein leidliches Auskommen". Viel wichtiger war es für
Berzelius, daß mit seiner Amtseinführung ein chemisches Labo-
ratorium in dem neubezogenen Haus des Collegium medicum
auf der Insel Riddarholmen fertiggestellt wurde, das auf seine
Anregung hin schon während der Interimszeit gebaut worden war.
Hier „richtete [er] dann ähnliche pharmazeutische und chemische
Übungen wie in Uppsala ein", wozu sich etwa 10 Studenten ein-

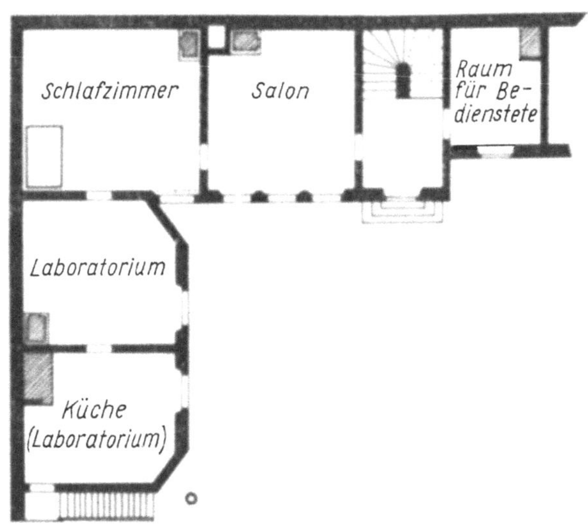

8 Grundriß der Wohnung von Berzelius, die ihm Wilhelm Hisinger zur Verfügung stellte. Hier war von 1809 bis 1819 das Laboratorium von Berzelius
(aus [B 12]).

fanden. Dennoch führte Berzelius seine chemischen Versuche entweder wie früher in den von Hisinger zur Verfügung gestellten Räumen oder in seiner Wohnung in der Klara Norra Kyrkogata, die er bis 1809 mit Pontin teilte, aus. Dann wohnte und arbeitete er völlig in Hisingers Haus bis 1819. Diese beiden „Privatlaboratorien" waren sein Wirkungsfeld, und hier war der Ort der meisten seiner großen Entdeckungen und Leistungen. Mit dem Amt des Professors war Berzelius nun auch finanziell der Weg zur Forschung gebahnt, und seine ersten Jahre als Hochschullehrer waren diesbezüglich seine produktivsten.

Dazu trug sicher auch bei, daß Berzelius keine Zeit für langwierige Gesuche um eine Anstellung oder Klagen über ihm zuwiderlaufende Entscheidungen vergeuden mußte. Nicht zuletzt erhöhte die neue Stellung am Institut auch Berzelius' Ansehen in den Familien, in denen er freundschaftlich in Stockholm verkehrte und in denen er – wie er selbst bekannte – „die Behaglichkeit des Familienlebens" wiederfand, die er seit seiner frühen Kindheit sehr vermißte. Durch seinen Freund Erik Ljungberg, der aus gutbürgerlichem Hause stammte und Besitzer einer Zuckerfabrik war, wurde Berzelius in die Kreise des Mittelstandes der schwedischen Hauptstadt eingeführt. Da er eine gesellige Natur hatte und Informationen bis selbst zum Klatsch hin durchaus nicht abgeneigt war (was auch sein Briefwechsel mit Wöhler belegt), galten ihm diese geselligen Abende viel.

Trotz seiner materiellen Sicherheit kam aber Berzelius nicht auf den Gedanken, eine Familie zu gründen. Inwiefern das schlechte Beispiel seiner Tante oder andere Begebenheiten die Ursache dafür waren, ist nicht exakt anzugeben. Möglicherweise war es auch seine angegriffene Gesundheit, vor allem die heftigen und regelmäßig wiederkehrenden Migräneanfälle, die ihm einer dauernden Verbindung im Weg zu stehen schienen. Seine spätere Version, er habe sich nur der Wissenschaft widmen wollen, kann nur als Rechtfertigung und nicht als Begründung angesehen werden. Seinen Hang zum Familienleben bewies Berzelius als Junggeselle auch dadurch, daß er denjenigen unter seinen Schülern, die ihm charakterlich in ihrer Bescheidenheit, Zurückhaltung und ausstrahlender Ruhe ähnlich waren, zeitlebens ein väterlicher Freund blieb und ihnen gute Ratschläge erteilte, selbst wenn es ums Heiraten ging.

In jenen Jahren war Berzelius durchaus heiter und lebenslustig und von einem enormen Schaffensdrang gepackt, der das Motiv hatte, sich durch wissenschaftliche Leistung stets zu beweisen. Seine Anspruchslosigkeit hinderte ihn, die Leistungen auch in pekuniären Erfolg umzumünzen. Berzelius' Bescheidenheit ist nicht mit Unterwürfigkeit zu verwechseln, und auch der Umgang mit ihm war wegen seiner Eigenart für impulsive Naturen unter seinen Kollegen schwierig. Doch meist half sein persönlich wohlwollendes Auftreten in solchen Dingen weiter.

Der Hochschullehrer als Forscher

Berzelius' Lebenswerk wurde bisher aus dem Blickwinkel seines privaten und akademischen Lebens betrachtet. Spätestens mit der Schilderung von Berzelius' Übernahme eines öffentlichen Amtes als Professor, der dem Collegium medicum als staatlicher Gesundheitsbehörde unterstellt war, entsteht die Frage nach den politischen Verhältnissen in seinem Heimatland Schweden, dessen Ansehen Berzelius durch sein zukünftiges Wirken als Gelehrter von Weltrang mehrte und das ihm andererseits eine vielfältige Tätigkeit im akademischen und öffentlichen Leben des Landes und darüber hinaus ermöglichte.

An der Wende vom 18. zum 19. Jahrhundert wurde die politische Entwicklung in Schweden wie die fast aller europäischer Länder vom bedeutendsten politischen Ereignis im ausgehenden 18. Jahrhundert beeinflußt: die Ergebnisse der Französischen Revolution überschatteten die Innen- und Außenpolitik des Landes. Zunächst sei daran erinnert, daß die damalige geographische Gestalt des Königreiches Schweden von der heutigen beträchtlich verschieden war. Seit dem 30jährigen Krieg waren Pommern mit Rügen und andere Gebiete der deutschen Ostseeküste schwedisch, womit Schweden an die Ereignisse in Mitteleuropa gekoppelt war. Diese Konstellation wurde mit dem Wiener Kongreß 1815 aufgehoben, als diese Gebiete an Preußen kamen. Weiterhin gehörte Finnland zu Schweden, ehe es 1809 nach der Niederlage im Krieg Schweden gegen Rußland abgetreten wurde. Ab 1814 war Schweden durch eine Union mit Norwegen verbunden, die erst 1905 auf friedlichem Wege wieder gelöst wurde.

Im Gegensatz zu Frankreich gab es im Revolutionsjahr 1789 in Schweden eine Stärkung der Monarchie. Dem politisch klugen und berechnenden König Gustav III. war es gelungen, durch politische Schachzüge eine Verfassung durchzubringen, die die absolute Monarchie sicherte. Diese Machtkonzentration in den Händen des Königs führte zu einer Verschärfung der politischen Gegensätze zwischen dem Monarchen und den Ständen. 1792 wurde auf den König ein Attentat verübt, an dessen Folgen er starb. Sein Wunsch, gegen das revolutionäre Frankreich ziehen zu können, erfüllte sich damit ebensowenig wie die Hoffnung verschiedener Gruppierungen im politischen Leben des Landes, das Attentat zu einem Umsturz ausnutzen zu können. Der neue König Gustav IV. Adolf trat erst 1796 mit seiner Volljährigkeit die Regierung an und vertrat zunächst eine gemäßigte Reformpolitik, die die innenpolitische Lage stabilisierte. Das war für die weitere Entwicklung um so wichtiger, als dem Land enorme Belastungen durch Kriege bevorstanden. Schweden schloß sich der Koalition zwischen Rußland und England gegen Frankreich an. Es wurde daher von Napoleons Truppen 1806 angegriffen, wobei sich die Kämpfe meist im schwedischen Pommern einschließlich Rügen abspielten. Nach dem Frieden von Tilsit drohte dem Land bald ein Krieg mit Rußland, der dann auch 1808 ausbrach und mit einer schwedischen Niederlage endete, die zur schon erwähnten Abtretung Finnlands an Rußland führte. Für diese Entwicklung wurde vor allem der König verantwortlich gemacht. Die Armee putschte 1809 und setzte den König gefangen, um durch Annahme einer neuen Verfassung die Rechte des Königs einzuschränken und bürgerliche Freiheiten durchzusetzen.

Die konstitutionelle Monarchie wurde etabliert, jedoch Gustav IV. Adolf der Krone verlustig erklärt. Der als Kronprinz feststehende Christian August konnte sein Amt nicht antreten, da er 1810 auf einem Ausflug verstarb. (Die Obduktion der Leiche war übrigens Pontin und Berzelius aufgetragen, die diesen Auftrag aber nicht ausführen konnten, da ihn schon Professoren aus Lund übernommen hatten. Berzelius sah sich wegen seiner mißverstandenen Äußerungen hinsichtlich einer möglichen Vergiftung des Kronprinzen und der sich deshalb ausbreitenden Unruhen zahlreichen Angriffen ausgesetzt.)

Zum neuen schwedischen König, der sich den Namen König Karl XIV. Johan gab, wurde der napoleonische Marschall (!) Jean Baptiste Bernadotte, Fürst von Ponte Corvo, durch den Reichstag 1810 in Örebro gewählt. Damit kam ein Offizier an die Macht, der in einem Feldzug gegen Dänemark mit Unterstützung Rußlands Norwegen als „Ersatz" für Finnland an Schweden brachte, mit dem es 1814 bis 1905 in Personalunion verbunden war. Norwegen wurde eine eigene gesetzgebende Versammlung, der Storting, zugebilligt. In Schweden schloß sich wie in vielen europäischen Ländern an den Wiener Kongreß ebenfalls eine lange anhaltende Phase des Konservatismus an, die bis zu Karl Johans Tode 1844 anhielt und damit auch Berzelius' zweite Lebenshälfte bestimmte.

Das geistige Leben im Lande wurde zunächst vor allem durch eine romantische Strömung beeinflußt. Das erstarkende Bürgertum erzwang zunehmend politische Reformen, z. B. in der Departementsreform, doch trat der große industrielle Aufschwung des Landes erst nach 1844 ein.

Dieser kurze Überblick über die Entwicklung Schwedens bis zur Mitte des 19. Jahrhunderts läßt erkennen, daß Berzelius' frühe Schaffensperiode auch in eine Zeit kriegerischer Auseinandersetzungen seines Landes fiel, während seine späteren Lebensjahre in einer politisch relativ ruhigen Zeit verliefen.

Nach seiner Berufung ging Berzelius ans Werk, die von ihm als akademischem Lehrer vertretenen Arbeitsgebiete wissenschaftlich zu bearbeiten. Wie bei seiner Abhandlung über den Galvanismus folgte auch jetzt aus der Abfassung von Büchern wissenschaftliche Forschungen. Zunächst sah sich Berzelius veranlaßt, außer Monographien auch eigene Lehrbücher zu schreiben. Er selbst berichtet darüber:

Ich verfaßte damals Lehrbücher in der Muttersprache für den Unterricht in der Chemie und ihre Anwendung für medizinische Zwecke. Der Mangel an derartigen Leitfäden machte sich an der Universität [Uppsala – L. D.] weniger fühlbar, da man dort allgemein die deutschen benutzte, aber auf der chirurgischen Schule in Stockholm konnte man auf die Kenntnis einer fremden lebenden Sprache nicht rechnen. Ich hatte daher schon als Adjunkt angefangen, daran zu arbeiten, diesem Mangel abzuhelfen. [B 3, S, 44].

Daher wandte sich Berzelius zunächst der physiologischen Chemie zu, was er folgendermaßen begründete:

Als ich in Uppsala Physiologie studierte, bedauerte ich stets, daß zur Zeit Albrecht Hallers die Chemie noch nicht so weit vorgeschritten war, daß sie diesen außergewöhnlichen Forscher bei seinen Untersuchungen auf den richtigen Weg hätte leiten können.
Es schien mir klar zu sein, daß ein Chemiker mit physiologischen Kenntnissen in der Wissenschaft sehr viel leisten könne, und ich beschloß daher, mich solchen Untersuchungen zuzuwenden. Ich begann deshalb eine chemische Physiologie auszuarbeiten, der ich, um die Forderungen derjenigen Physiologen, die zugleich Anatomen waren, nicht zu hoch zu spannen, den Titel „Vorlesungen über Tierchemie" gab. [B 3, S. 45].

Der letzte Satz klingt wie eine Entschuldigung, denn Berzelius hat
wohl später den Begriff „Tierchemie" selbst nicht glücklich und
keineswegs nachahmenswert gefunden, doch gab es in der Folge
sogar Titel wie Heintz' „Lehrbuch der Zoochemie" (Berlin
1853).

Dagegen war Berzelius mit der Wahl eines anderen Wortes wesentlich wirkungsvoller. In dem genannten Buch benutzte Berzelius erstmals in seinen Schriften den Begriff „Organische Chemie",
und da er ihn in seinen weiteren Publikationen, vor allem in seinem Lehrbuch, immer wieder verwendete, begann dieser Begriff
bald allgemeine Benutzung zu finden, insbesondere nachdem Leopold Gmelin den 1819 in Frankfurt erschienenen dritten Band seines „Handbuches der theoretischen Chemie" [26] mit einem Kapitel „Chemie der organischen Verbindungen" oder „organische
Chemie" eröffnete. Allerdings ist die Behauptung aus früheren
wissenschaftshistorischen Schriften, Berzelius habe überhaupt als
erster die Bezeichnung „organische Chemie" verwendet, nicht
haltbar. Wie von Lippmann fand [27], hat Novalis (Friedrich
von Hardenberg) in einem hinterlassenen Fragment den Begriff
„organische Chemie" bereits benutzt, ohne ihn in gleicher Weise
schon anzuwenden.

Darauf aufbauend ist die Vermutung geäußert worden, Novalis
habe während seines Studiums in Freiberg als Hörer von Wilhelm
August Lampadius die Bezeichnung von diesem übernommen.
Nach umfangreichen Studien der Originalliteratur durch den Autor
finden sich in Lampadius' eigenen Werken zwar Namen wie „organische Körper", „organische Stoffe" u. a., aber „organische
Chemie" wird nicht explizit benutzt. Daher ist der Begriff entweder eine Eigenschöpfung des unter dem Einfluß der romanti-
schen Naturphilosophie stehenden Novalis oder er entstammt
einer anderen Quelle.

In Berzelius' Buch „Föreläsningar in djurkemien" (Vorlesungen
über Tierchemie), dessen erster Teil 1806 erschien, war für ihn
weniger die Begriffsbildung wichtig. Vielmehr mußte er während
der Abfassung des Buches feststellen, daß die Angaben über die
Zusammensetzung von Blut, Galle, Mark und Fett widersprüch-
lich oder ungenau waren. In der Folge beschäftigte sich Berzelius
sowohl mit der qualitativen als auch der quantitativen Analyse
chemischer Verbindungen und der Naturstoffe. Die erstere Me-

thode führte 1806 zur Entdeckung der Milchsäure im Muskelfleisch, die bisher von Scheele in der Milch gefunden worden war. Berzelius fand später, daß die Milchsäure der Muskulatur rechtsdrehend ist, während in der Milch eine Racemat vorliegt.
Zur quantitativen Analyse war für Berzelius die Weiterentwicklung der organischen Elementaranalyse ein wichtiger Schritt. Er verbesserte die bisher geübte Praxis der Elementaranalyse nach Gay-Lussac und Thenard, die auf Lavoisier aufbauend noch einen zusätzlichen oxydierenden Stoff nutzt, indem er die Volumenbestimmung in der Methode von Gay-Lussac und Thénard auf eine besser handhabbare Gewichtsanalyse zurückführte. Die während der Verbrennung entstandenen Reaktionsprodukte Wasser und Kohlendioxid wurden nun mit der Waage bestimmt. Dazu wurde die zu analysierende Substanz in einem Gemenge von Kaliumchlorat und Kochsalz in einer horizontalen Röhre gleichmäßig verbrannt, das Wasser in einem mit Calciumchlorid gefüllten Rohr und einer Kugel zurückgehalten und das Kohlendioxid in einer Glocke über Quecksilber mit einem Kaliumhydroxid enthaltenden Gefäß aufgefangen. Dieses Grundprinzip behielt auch später Justus von Liebig bei und verbesserte nur die Gasabsorption mit dem so berühmt gewordenen Fünf-Kugel-Apparat.

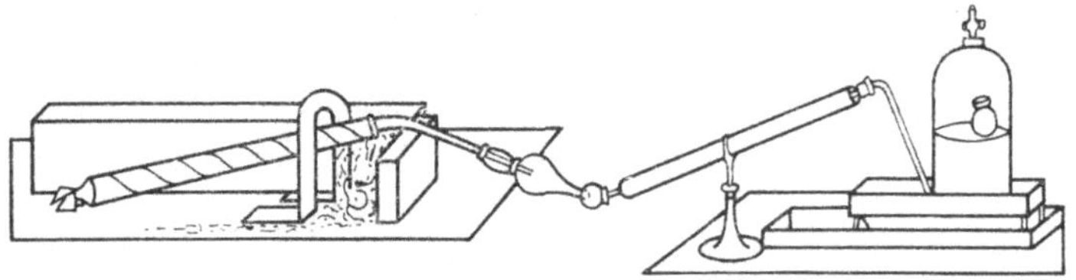

9 Apparatur zur organischen Elementaranalyse nach Berzelius (nach [44]).

Die meisten Untersuchungsergebnisse fanden in dem 1808 erschienenen zweiten Teil der „Tierchemie" [A 4] Verwendung. Eine Fortsetzung dieser Arbeit stellt der Vortrag Berzelius' aus dem Jahre 1810 dar, den er als scheidender Präsident der schwedischen Akademie der Wissenschaften nach satzungsgemäß einjähriger Amtszeit in Stockholm als „Übersicht der Fortschritte und des gegenwärtigen Zustandes der tierischen Chemie" [A 7] hielt. Ebenso zählt dazu die 1812 in London verfaßte Schrift „Überblick über die Zusammensetzung der tierischen Flüssigkeiten" [A 6], die einen gewissen Abschluß seiner Arbeiten zur phy-

44

siologischen Chemie bedeutete, obwohl Berzelius noch weiterhin Analysen von Naturstoffen ausführte, so z. B. um seinen Befund des Eisengehaltes im Blut gegenüber Vauquelin zu verteidigen.

Aus dem bisher Geschilderten kann leicht der Eindruck entstehen, die physiologische Chemie sei das Hauptarbeitsgebiet von Berzelius in der Zeit um 1810 gewesen. Dem ist aber keineswegs so. Es wurde bereits erwähnt, daß er um 1808 mit Pontin umfangreichere elektrochemische Untersuchungen anstellte. Welche enorme Arbeitslast Berzelius bewältigte, sei zunächst kurz skizziert, ehe auf die einzelnen Arbeiten thematisch getrennt eingegangen wird.

Nachdem Berzelius seinen ersten Teil der „Tierchemie" abgefaßt hatte, mußte er feststellen, daß es Anfängern der Chemie große Schwierigkeiten bereitete, sich in das Buch einzuarbeiten. Das veranlaßte ihn, sein „Lehrbuch der Chemie" [A 5] zu schreiben, dessen erster Band 1808 in Schwedisch erschien. Diese Buch wurde aber weniger eine Einführung, sondern vielmehr ein Standardwerk der Chemie, das in der ersten Hälfte des 19. Jahrhunderts die Auffassungen in der Chemie grundlegend beeinflußte, weshalb ihm ein eigenes Kapitel gewidmet werden soll. 1808 wurde Berzelius Mitglied der Schwedischen Akademie der Wissenschaften. Diese zunächst als Ehrung zu verstehende Berufung brachte ihm schon 1810 die Würde und Bürde eines Präsidenten. 1810 wurde die Schule für Chirurgie in eine vom Collegium medicum unabhängige Anstalt, das „Karolinska Mediko-Kirurgiska Institutet", und dabei Berzelius' Lehrstuhl in den für Chemie und Pharmazie (nicht mehr für Medizin) umgewandelt. Außerdem las er jetzt auch an der Kriegsakademie in Carlsberg und wurde zudem 1811 Mitglied des Collegiums medicum. Sein Gehalt wurde verdoppelt, und er konnte sein Amt als Armenarzt aufgeben. Das brachte zwar finanzielle wie zeitliche Erleichterung, doch nach dem Krieg mit Rußland war der Bedarf an Ärzten besonders hoch, und die Studentenzahlen stiegen ebenso wie die Belastung im Lehramt enorm an. Zudem traf ihn noch ein schweres Unglück. Berzelius experimentierte in seinem häuslichen Laboratorium mit Goldfulminat, das bei der Reaktion explodierte. Die eingesetzte Säure spritzte ihm ins Gesicht, und er verlor zunächst das Augenlicht, was sich nach monatelangem Krankenlager auf eine Trübung des rechten Auges reduzierte. Auch die durch Glassplitter schwer verwundete linke Hand heilte langsam wieder.

Trotz dieser langen Aufzählung an Ereignissen und Tätigkeiten
ist die Hauptsache bisher nicht genannt. Vor allem in den Jahren
1807–1812 war Berzelius mit seinem Hauptwerk beschäftigt, das
in der Breite aller Wirkungen sein großes Verdienst um die Entwicklung der Chemie darstellt: die Bestimmung der Atommassen
(oder Atomgewichte, wie sie damals bezeichnet wurden). Sein
Hauptarbeitsgebiet lag im Bereich der anorganischen Verbindungen, wo er aus den hart erarbeiteten Ergebnissen zu theoretischen
Ansichten gelangte, die für die Entwicklung der Chemie außerordentlich befruchtend waren. Mit seiner Analyse anorganischer
Stoffe einher ging die Entdeckung neuer Elemente, die deshalb
in die Darstellung an dieser Stelle mit einbezogen wird.

Der Meister der Elemente und Atommassen

Eine Übersicht über die chemischen Elemente und ihre Entdecker erhärtet die Tatsache, daß ein beträchtlicher Teil der Elemente von schwedischen Forschern gefunden wurde. So gab es im 18. und 19. Jahrhundert in jeder schwedischen Chemikergeneration mindestens einen Entdecker eines Elementes. Die Ursache dafür ist zum einen die besondere Pflege der analytischen Chemie in Schweden als auch die bereits erwähnte weit entwickelte Gewinnung der landeseigenen Erze, die zur Untersuchung zahlreicher Minerale anregte oder ihrer bedurfte. Für die Fortsetzung der Tradition aufeinanderfolgender schwedischer Chemikergenerationen in der Suche nach neuen Elementen ist Berzelius das beste Beispiel.

Als er an der Universität Uppsala seine ersten Schritte in der chemischen Forschung unternahm, gelang dem dort wirkenden Adjunkten Ekeberg die Entdeckung eines neuen Elementes, das er unter Bezug auf die bekannte Gestalt der griechischen Mythologie Tantal nannte, denn die Salze dieses Metalls erliegen auch der „Qual", im Wasser liegen zu müssen, ohne davon „trinken" und sich aufzulösen zu können. Diese originelle Bezeichnung für ein Element fand ihre Fortsetzung, als der Berzelius-Schüler Heinrich Rose 1846 den ständigen Begleiter des Tantals in der Natur in seiner elementaren Form als Niob bezeichnete, da der Überlieferung gemäß Niobe gleiches dem Tantalus angedeihen ließ. In die „Verlegenheit", einen Namen für ein neues Element zu finden, sollte Berzelius bald selbst kommen.

Gemeinsam mit Hisinger führte er neben elektrochemischen Forschungen auch Analysen von Mineralien aus, zu denen der Bastnäs-Schwerspat gehörte, in dem beide ein neues Metall entdeckten. Dieses Element wurde nach dem 1801 entdeckten Planetoiden Ceres mit Cerium bezeichnet. Bei diesem kurzen Namen blieb Berzelius wegen der besseren Aussprechbarkeit, obwohl er darauf aufmerksam gemacht worden war, daß es konsequenterweise „Cererium" heißen müßte. Aber der Zwist um die Benennung war noch das kleinere Übel. Die Entdeckung wurde in einer eigenständigen Schrift [A 3] auf Hisingers Kosten publiziert und eine deutsche Übersetzung an Gehlen für dessen „Neues allgemeines Journal der Chemie" geliefert, der daraufhin eine Abhandlung von Klaproth zusandte, der im gleichen Mineral ein neuartiges Oxid, die Ochroiterde, gefunden hatte. Doch die Angaben des (nach Berzelius') „größten analytischen Chemikers Europas" waren nicht genau. Als schließlich Vauquelin in den „Annales de Chimie" Bd. 54 (1805) die Priorität der Entdeckung Berzelius zuschrieb, schienen die Sorgen um das neue Element vertrieben, denn auch die Zweifel der beiden Chemiker in Uppsala, Afzelius und Ekeberg, an der Richtigkeit des neues Elementes konnten experimentell widerlegt werden. Im Überschwang des Erfolges glaubte Berzelius, schon dem nächsten Element auf der Spur zu sein. Zu Ehren des Bergman-Schülers und Mangan-Entdeckers Gahn nannte er es Gahnium. Doch es erwies sich bald als Zinkoxid. 1815 war er noch einmal einem Element-Irrtum sehr nahe, als er im Fluocerit und Yttrofluorit ein neues Metalloxid, das er nach der alten nordischen Gottheit Thor als „Thorin" bezeichnete, gefunden zu haben glaubte. Seine eigenen Analysen lieferten 1824 den Beweis, daß es ein basisches Phosphat von Yttererde war.

Ein neues wirtschaftliches Unternehmen von Berzelius schloß (wieder einmal) mit dem finanziellen Fiasko ab, erbrachte aber als Nebenwirkung ein neues chemisches Element. Berzelius hatte 1817 in Gripsholm eine chemische Fabrik erworben, in der u. a. Schwefelsäure produziert wurde. Die Fabrik lieferte noch ausreichend Bleikammerschlamm für analytische Untersuchungen, ehe auch sie bankrott ging. Die rötliche Farbe des Schlammes ging auf einen Stoff zurück, den Berzelius für ein Metall hielt. Er nannte diesen Stoff in Analogie zu dem von Klaproth 1798 als Element erkannten Tellur (grch. Erde) nun Selen (grch. Mond).

Obwohl das Entdecken neuer Elemente sehr leicht schien, indem man sie, nach einer scherzhaften Bemerkung von Berzelius, nur von den Wänden (der Bleikammer) abkratzen mußte, so war ihm die Zusammensetzung des Selenoxids wie auch die Ähnlichkeit zum Nichtmetall Tellur nicht sofort bekannt. Außerdem mußte er die Giftigkeit des Selens etwas bitter am eigenen Leib erkennen

Eine ehrenvolle Folge der Entdeckung war die Benennung eines
Kupferselendiminerals als „Berzelianit". Später hat Berzelius noch
einmal eine Untersuchungsreihe am verwandten Tellur aufgenommen, um die Eigenschaften der Elemente vergleichen zu können.
Die Aufzählung der neuentdeckten Elemente in chronologischer
Anordnung kann nicht nur die von Berzelius gefundenen Elemente
enthalten, sondern muß in dieser Reihenfolge auch jene berücksichtigen, an deren Auffinden Berzelius in verschiedener Weise
beteiligt war.

Tabelle 1:

Die von Berzelius und seinen Schülern entdeckten Elemente

Element	Entdecker	Jahr	Bemerkung
Ce	Berzelius	1803	gemeinsam mit Hisinger und parallel zu Klaproth
Didym	Mosander	1842	1885 in Pr und Nd getrennt
Er	Mosander	1843	1878 Ytterbium und 1879 Holmium und Thulium abgetrennt
La	Mosander	1839	
Li	Arfwedson	1817	
Se	Berzelius	1817	
Tb	Mosander	1843	
Th	Berzelius	1829	
Y	Mosander	1843	1794 von Gadolin die Yttererde isoliert

Das Jahr 1817 brachte noch eine weitere Entdeckung. Sein Schüler
Johan August Arfwedson eiferte seinem Meister nach. Er analysierte verschiedene Mineralien aus der Gegend von Utö. Beim
Petalit ergab sich mit dem Befund von 78,2 % SiO_2 und 17,8 %
Al_2O_3 eine Differenz von 4 %, die trotz wiederholter Analysen
bestehen blieb. Dieser Gehalt wurde einem Alkalimetall unbekannter Art zugeschrieben, das Berzelius zunächst nach seinem
Fundort im Gestein „Lithion" nannte. Leopold Gmelin fand ein
Jahr später die rote Färbung der Flamme durch Lithiumsalze,
doch erst 1855 gelang Robert Wilhelm Bunsen und August Ma-
thiessen die elektrolytische Darstellung des leichtesten aller Metalle. Ausgiebigere Untersuchungen wurden unter Berzelius an
Lithiumverbindungen nicht angestellt, vor allem weil Arfwedson
sich der familiär vorgezeichneten Laufbahn als Geschäftsmann
widmete.

Aber Berzelius' wissenschaftliche Ernte neuer Elemente war keineswegs schon zu Ende. Am 1. Mai 1829 meldete er Friedrich Wöhler, seinem besten Vertrauten außerhalb Schwedens: „Die Thorerde ersteht wieder von ihrem Scheintod." In einem Mineral aus Norwegen stellte Berzelius das Thoriumoxid als Beimengung der „Yttererde", einem Lanthanidengemisch, fest. Das Mineral benannte er „Thorit" und stellte metallisches Thorium durch Reduktion mit Kalium her, dem eine Analyse von Thoriumverbindungen vorausgegegangen war, die aber noch nicht die exakte Zusammensetzung lieferte.

Bald darauf entdeckte Berzelius' Schüler Nils Gabriel Sefström, der als Nachfolger Gahns nun in Falun wirkte, in einem Eisenerz aus Taberg ein unbekanntes Metall, das er weder näher charakterisieren noch isolieren konnte und das Wöhler bei früheren Untersuchungen sogar völlig entgangen war. So wandte sich Sefström vertrauensvoll an seinen Lehrer, und in den Weihnachtsferien 1830 wurden sehr reine Salze des Metalls isoliert, die sich als recht farbenfreudig erwiesen. Berzelius betätigte sich wieder als Taufpate und benutzte den Namen der nordischen Göttin der Schönheit, Vanadis, für dieses neue Element, dessen Isolierung aber noch nicht gelang. 1831 untersuchte Berzelius dann zahlreiche Vanadiumsalze. Das Metall konnte erst Henry Roscoe 1869 darstellen.

Was Berzelius beim Vanadium versagt blieb, gelang ihm beim Silicium schon 1823, als er das Siliciumsfluorid bzw. das von ihm gefundene Siliciumchlorid mit metallischem Kalium reduzierte. Bereits 1808 hatte Berzelius versucht, die „Basis der Kieselerde" durch Reduktion zu erhalten, was ihm damals ebenso wie Davy, Gay-Lussac und Thénard mißlang.

Als weiteres Metall isolierte Berzelius 1824 erstmals Zirkonium, indem er Kaliumfluorozirkonat mit Kalium reduzierte. Das Zirkoniumoxid hatte Klaproth bereits 1787 beschrieben.

Die Methode der Reduktion von Metallfluoriden mit Kalium setzte Berzelius dann 1825 auch beim Tantal fort, das als graues Pulver anfiel.

Die lange Liste von neuen Elementen wird vervollständigt durch die Entdeckungen von Berzelius' Schüler und Nachfolger Carl Gustaf Mosander. Der setzte das Werk seines Lehrers am gleichen Stoff fort und analysierte erneut die gemischten Oxide Ceriterde

10 Berzelius in mittleren Jahren. Lithographie von Franz Krüger (aus [B 12])

und Yttererde. 1839 fand er in der Ceriterde Lanthan, das der gesamten Gruppe der seltenen Erden den Namen gab, und 1840 ein zweites Element, das er 1842 erstmals vorstellte und mit Didymium von (didymos-doppelt) bezeichnete, da es dem Lanthan seiner Meinung nach wie ein Zwilling glich. Die Namensgebung hatte aber etwas Prophetisches, denn das Didymium war selbst ein Zwilling, was aber erst 1885 Carl Auer von Welsbach nachweisen konnte. Das Element-Paar bestand aus Praeseodymium und Neodymium, wie Auer von Welsbach durch die erstmals verwendete fraktionierte Kristallisation an Ammoniumverbindungen der beiden Seltenen Erden zeigen konnte. Übrigens waren schon 1879 von Paul-Emile Lecoq de Boisbaudran das Samarium und 1880 von J. C. G. de Marignac das Gadolinium als Beimischungen des Didymiums abgetrennt worden.

Doch Mosander war mit seinem Entdeckerlatein 1840 noch nicht am Ende. 1843 isolierte er aus Yttererde das Terbium und das Erbium, wobei letzteres noch als Verunreinigungen weitere Elemente verbarg: Ytterbium (Nilson, 1879), Holmium (Cleve, 1879), Thulium (Cleve, 1879), Dysprosium (Lecoq de Boisbaudran, 1886) und Lutetium (Auer von Welsbach sowie Urbain, 1907). Die Vielzahl der Elemente der Seltenerden, die Zug um Zug entdeckt wurden, läßt schon erahnen, wie durch die Verfeinerung der analytischen Methoden die einzelnen Lanthanidenelemente den Vielstoffgemischen abgerungen wurden. Den Ausgangspunkt für die solide und ausgefeilte chemische Analytik bildete der Arbeitsstil Berzelius' und seiner Schüler. Die Entdeckung neuer Elemente war bei Berzelius das Ergebnis sorgfältiger Untersuchungen von Mineralien und weniger die systematische Suche nach bestimmten Elementen oder Elementgruppen. Dazu war die Kenntnis der Analogien unter den Elementen noch zu gering.

Um Vergleiche in den Eigenschaften der Elemente anstellen und die Stöchiometrie der chemischen Reaktionen erforschen zu können, begann Berzelius die systematische Bearbeitung der Bestimmung von Atommassen chemischer Elemente. Die exakte Kenntnis der Atommassen sollte es ermöglichen, die Gesetze bestimmen zu können, nach denen chemische Verbindungen entstehen und in dieser bestimmten Form auch existieren. Die gewaltige jahrelange Arbeit nahm Berzelius auf, als durch die äußere Anerkennung und finanzielle Sicherheit der Professur sein Leistungswille noch einen weiteren Aufschwung erfuhr.

In welchem Arbeitsrausch er sich dabei befand, zeigt das Jahr 1808, wo er neben seiner Lehrtätigkeit mehrere Publikationen zur Elektrolyse experimentell vorbereitete und schrieb, zwei Bücher herausbrachte und seine Bestimmung der Atommassen im großen Stil vorantrieb. Äußerer Anlaß für diese umfangreiche Arbeit war – und man ist geneigt hinzuzusetzen – wieder einmal – die Abfassung eines Buches, in diesem Fall seines „Lehrbuches der Chemie". Berzelius berichtet selbst:

Als ich dieses ausarbeitete, wurde meine Aufmerksamkeit durch die Richterschen Untersuchungen über die gegenseitige Zerlegung der neutralen Salze unter Beibehaltung der vollen Neutralität in hohem Maße gefesselt, und es setzte mich in Erstaunen, daß man diese Frage in der antiphlogistischen Chemie so lange hatte beiseite liegen lassen. Es schien mir sonnenklar, daß das von ihm aufgestellte Naturgesetz richtig sein mußte, wenn auch mehrere Chemiker gegen die Richtigkeit seiner analytischen Resultate, auf welche dasselbe nachweislich gegründet war, Einspruch erhoben. Ich setzte meine Ansicht im Lehrbuch auseinander und beschloß dabei, durch richtige Analysen die Berechtigung meiner Überzeugung faktisch darzulegen. [B 3, S. 45].

Berzelius war durch Claude-Louis Berthollets Buch: „Essai de statique chimique" [28] auf Richters Entdeckungen sowie dessen

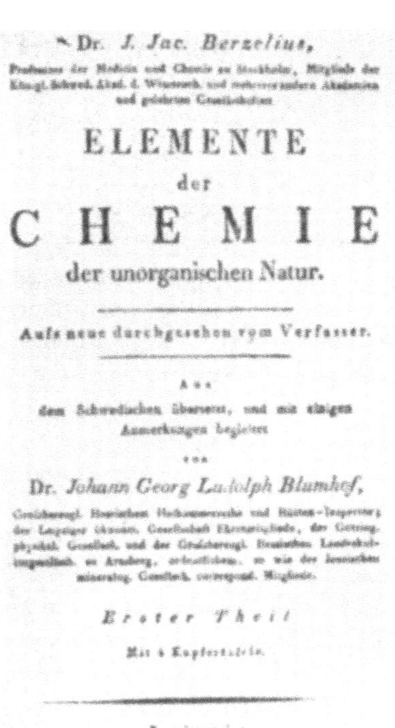

11 Erste deutsche Ausgabe des „Lehrbuches der Chemie", wovon nur dieser erste Teil erschien. Berzelius hielt die Übersetzung für sehr schlecht und forderte vom Verleger, das Werk zu makulieren. Aber es gelang nicht, wie das abgebildete Titelblatt beweist.

„grundlegendes Werk" „Die Anfangsgründe der Stöchiometrie" [29] aufmerksam gemacht worden, in dem Richter seine prinzipiellen Ansichten über den Weg, die Mathematik in die Chemie zu bringen, wie es sein akademischer Lehrer Immanuel Kant forderte, ausführlich darlegte und dabei auch das „Neutralitätsgesetz" aufstellte, wonach gleiche Mengen einer Säure von gleichen (Äquivalent) Mengen einer Base neutralisiert werden können. Die Kritik zahlreicher Zeitgenossen an den ungenauen Ergebnissen von Richter war berechtigt. Im Laufe der Arbeiten stieß Berzelius auf eine weitere Literaturstelle, die ihm zeigte, daß schon vor Richter jemand genauer gearbeitet hatte: Carl Friedrich Wenzel. In seinem Buch „Lehre von der Verwandtschaft der Körper" [30] lieferte er nicht nur interessante Aussagen zur Lehre von der Affinität, sondern auch ungewöhnlich genaue Analysen vieler Verbindungen. Berzelius urteilte selbst:

53

Die arithmetischen Resultate von Wenzels Versuchen waren weit zuverlässiger als irgend ein anderer Chemiker der damaligen Zeit sie zu geben vermochte und sind späterhin meistenteils durch die genauesten Analysen von
neuem bestätigt worden. Demohngeachtet schenkte man ihnen damals wenig
oder gar keine Aufmerksamkeit, sondern begnügte sich vielmehr, auf die
Autorität berühmter Namen vertrauend, mit weit minder genauen Erfahrungen, wenn sie auch mit den von Wenzeln so vortrefflich entwickelten
Erscheinungen in offenbaren Widerspruch standen. [A 12, S. 3].

Berzelius gebührt das Verdienst, die Leistungen der beiden deutschen Chemiker den ihnen zukommenden Platz eingeräumt zu
haben. Er verband Wenzels Genauigkeit der Analysen mit Richters Konzept der Stöchiometrie und gelangte zu einer „Theorie
der chemischen Proportionen".
In der Experimentalarbeit sollte die Entscheidung zugunsten einer
der beiden Theorien über die Zusammensetzung der Stoffe, die
zu dieser Zeit existierten, herbeigeführt werden. Die eine war von
Berthollet in seinem bereits zitierten Buch vertreten, wonach eine
maximale und eine minimale Zusammensetzung einer Verbindung
existiert. Zwischen beiden Extrema soll jedes Verhältnis zwischen
den Komponenten einer Verbindung möglich sein. In welchem
Verhältnis diese Stoffe in einer Verbindung vorliegen, hänge von
der Kohäsion der Komponenten untereinander ab.
Eine kontroverse Meinung dazu vertrat Joseph Louis Proust. Er

12 Berzelius-Porträtmedaillon von David
d'Angers (aus [B 12]).

stellte die These auf, daß Verbindungen nur aus Komponenten im ganzzahligen Verhältnis zueinander stehen können. Dieses Gesetz der konstanten Proportionen bedurfte einer weiteren experimentellen Bestätigung. Es war noch immer eine schwer zu belegende Tatsache. Hier konnten nur Analysen helfen.

Der Einstieg in die breite analytische Arbeit mit einer Vielzahl von Verbindungen, die sich Berzelius für seine Untersuchungen beschaffte, fiel ihm außerordentlich schwer. Später stellte sich ihm das folgendermaßen dar (der unbeholfene Ausdruck der Übersetzung von 1903 sei mit Nachsicht betrachtet):

Meine ersten Versuche in dieser Richtung schlugen nicht gut aus. Ich hatte noch keine Erfahrung, weder eine wie große Genauigkeit der Resultate erfordert wurde, noch auf welchem Wege eine solche durch Wiegen gewonnen werden können; dabei fehlten mir Instrumente und Geräte für feinere Versuche ... Ich erkannte außerdem häufig die Schwierigkeit nicht, eine unlösliche gefällte Verbindung auf ihren richtigen Sättigungspunkt zu bringen. Ich mußte meine Analysen mehrfach nach verschiedenen Analysen wiederholen, um diejenige Methode zu finden, welche am sichersten zum richtigen Resultate führte, kurz: ich mußte durch meine eigenen Irrtümer auf die Wege geführt werden, die jetzt so allgemein bekannt sind ... [B 3, S. 46].

Die Akribie in den Analysen und deren immense Anzahl waren die Grundlage für die Stützung des Gesetzes der konstanten und multiplen Proportionen, das erst mit Berzelius in der Chemie zu allgemeiner Anwendung kam und für die Weiterentwicklung der wissenschaftlichen Chemie von außerordentlicher Wichtigkeit war. Die exakte Erfassung der Zusammensetzung von Verbindungen legte nicht nur die „bestimmten und einfachen Verhältnisse" frei, in denen die Elemente in Verbindungen vorlagen, sondern schuf auch die Grundlage zur Bestimmung des quantitativen Verlaufes einer Reaktion. Die Stöchiometrie Richters wurde durch Berzelius zur handhabbaren Methode, denn erst mit genauen Atom- bzw. Molekularmassen ließen sich nun stöchiometrische Rechnungen anstellen, aus denen dann auf bisher unbekannte Atommassen richtig geschlossen werden konnte. Berzelius nutzte diese Rechnungen selbst, um erst einmal die Richtigkeit der bekannten Atommassen zu überprüfen. Es zeigte sich, daß selbst die anerkannten Analysen des Barium- und des Natriumsulfats von Valentin Rose und des Natrium- und Silberchlorids von Christian Friedrich Buchholz ungenau waren. Dazu schrieb Berzelius in den „Annalen der Physik" [Bd. 35, 1810, S. 276]:

Ich habe unsere besten Analysen von Salzen, z. B. die, welche von Klaproth, Buchholz und Rose von schwefelsaurem Baryt und salzsaurem Silber herrühren, unrichtig befunden. Indem ich ihnen vertraute, gaben im Anfang meine Versuche immer ungleiche Resultate; seitdem ich aber diese Analysen berichtet habe, stimmen meine Resultate zum wenigsten bis auf die Tausendteile miteinander überein.

Das brachte ihm das Lob des Herausgebers Ludwig Gilbert als „eines Naturforschers, der sich in mannigfaltigen chemischen Untersuchungen als einer der genauesten Arbeiter hinlänglich bewährt hat", und damit auch internationale Anerkennung ein. Tatsächlich war Berzelius ab etwa 1810 der exakteste Analytiker unter den europäischen Chemikern, was sein Schüler Heinrich Rose rückblickend in folgendem Vergleich geschildert hat:

Ich hatte noch das Glück, in meiner Jugend den verdienstvollen Klaproth bei seinen chemischen Arbeiten unterstützen zu dürfen. Ich konnte daher, als mir mehrere Jahre darauf im Laboratorium von Berzelius zu arbeiten vergönnt war, sehr gut die verschiedene Art und Weise, wie Klaproth und wie Berzelius arbeiteten, vergleichen.
Beide Arten verhalten sich wie die erzielte Genauigkeit der Resultate ihrer Untersuchungen. [B 6, S. 19]

Es waren mehr als zwei Jahre intensivster Arbeit, ehe Berzelius ausreichende und gesicherte Zahlenangaben zur Verfügung hatte, um seinen „Versuch, die bestimmten und einfachen Verhältnisse aufzufinden, nach welchen die Bestandteile der unorganischen Natur miteinander verbunden sind" [A 22], veröffentlichen zu können. Er erschien zuerst 1810 in der von Berzelius und Hisinger herausgegebenen Schrift „Afhandlingar i Fysik, Kemi och Mineralogie" [31, Bd. 2, S. 162–275] und in deutscher Übersetzung 1811 in Gilberts Annalen der Physik, wodurch die Publikation über Schwedens Grenzen hinaus in vollem Umfang bekannt wurde.

Die Schrift läßt weder die experimentellen Schwierigkeiten erahnen, denen Berzelius begegnete, noch die Reihenfolge der Analysen ermitteln, in der sich Berzelius der Lösung seines Problems näherte. Nach einer kurzen Einleitung, in der Berzelius die Auffassungen von Berthollet und Proust über die variierenden bzw. konstanten Bildungsverhältnisse und Daltons „Hypothese" der multiplen Proportionen wiedergibt, werden die grundlegenden Schlußfolgerungen zuerst genannt:

Man wird aus dem folgenden sehen, daß, wenn zwei Körper A und B, sich in verschiedenen Verhältnissen miteinander verbinden, dieses immer nach folgenden fest bestehenden Proportionen geschieht:

56

1 A mit 1 B (Zusammensetzung im Minimum)
1 A mit 1 $^{1}/_{2}$ B (oder vielleicht richtiger 2 A mit 3 B),
1 A mit 2 B ...

Man wird ferner ersehen, daß, wenn zwei Körper A und B beide zu zwei anderen C und D Verwandtschaft haben, die Menge von C, wodurch A gesättigt wird, sich zu der Menge von D, wodurch A gesättigt wird, genau so wie die Mengen von C und D, wodurch B gesättigt wird, zu einander verhalten. [A 22, S. 5].

Die genannten Grundsätze geben die Aussagen von Proust und Richter über die konstanten Proportionen bzw. die Stöchiometrie von Reaktionen wieder und sind daher nicht neu, doch werden sie in anwendbarer Form dargeboten und im folgenden Text ausgiebig experimentell belegt. Es ist interessant darauf zu verweisen, daß sich Berzelius trotz seiner Bestätigung des Gesetzes der konstanten Proportionen noch der Bertholletschen Ausdrucksweise der Minima (und später auch Maxima) in den Verbindungsverhältissen bedient, die eigentlich überflüssig ist. Weiterhin sei schon vorweg genommen, daß im folgenden Text Berzelius trotz seiner exakten Analysen dem Irrtum nicht entgeht, Ammoniak und Salzsäure enthielten Sauerstoff. Das wurde z. B. zunächst auch von Davy, was das Ammoniak betrifft, und von Gay-Lussac und Thénard bezüglich der Salzsäure vertreten. Es hat noch über 10 Jahre gedauert, ehe Berzelius seine irrtümliche Meinung revidierte. Berzelius legte in dieser und drei ergänzenden Fortsetzungen, die 1811 und 1812 in den Annalen der Physik erschienen, die Analysen zahlreicher Metalloxide und Metallsalze vor, die mit dem Bleioxid beginnen und bei Doppelsalzen enden, ehe noch einmal eine „Allgemeine Übersicht" die Ergebnisse der Abhandlungen zusammenfaßt. Eine Übersicht der von Berzelius ermittelten Atommassen liefert die Tabelle 2. Zum Vergleich sind die Angaben von John Dalton vorangestellt, um seine Leistung zu verdeutlichen. Wie genau Berzelius seine Analysen ausführte, beweist der Blick auf die Atommassen von 1883 nach den Angaben von Lothar Meyer und Karl Seubert sowie auf die IUPAC-Daten des Jahres 1971. Es ist offensichtlich, daß die Exaktheit der Atommassen von Berzelius die Basis für die Untersuchung der Zusammensetzung chemischer Verbindungen war. Diese quantitative Erfassung von Stoffdaten verband Berzelius mit der Beschreibung von qualitativen Merkmalen. Er schreibt darüber:

Wenn zwei Körper, welche wir jetzt für einfach halten, sich in mehreren

Tabelle 2: Die Atommassen nach Berzelius im Vergleich zu Dalton und anderen

Element	Atommassen					
	Dalton (1810)*		Berzelius (1814)**		L. Meyer u. K. Seubert (1883)***	IUPAC (1971)
	Original 0 = 7	Umrechn. 0 = 16	Original 0 = 100	Umrechn. O = 16	H = 1	$^{12}C = 12$
Aluminium	—	—	343	27,44	27,04	26,98
Antimon	40	139,1	1613	129,05	119,6	121,7
Arsen	42	72	839,9	134,4	74,9	74,92
Barium	—	—	1709,1	136,7	136,86	137,3
Beryllium	—	—	68,33	10,93	9,08	9,01
Blei	95	217,1	2597,4	207,78	206,39	207,2
Bor	—	—	73,27	11,71	10,9	10,81
Calcium	—	—	510,2	40,81	39,91	40,08
Cerium	45	154,2	1148,8	137,8	141,2	140,12
Chlor	—	—	439,56	35,16	35,37	35,45
Chromium	—	—	708,05	56,6	52,45	51,996
Eisen	50	57,1	693,64	55,5	55,88	55,84
Fluor	—	—	60	18,4	19,06	18,99
Gold	140	160	2483,8	198,7	196,2	196,96
Kalium	—	—	978	39,12	39,03	39,06
Cobalt	55	62,8	732,61	58,6	58,6	58,93
Kohlenstoff	5,4	12,3	74,91	11,98	11,97	12,01
Kupfer	56	64	806,45	64,51	63,18	63,54
Magnesium	—	—	315,46	25,17	23,94	24,305
Mangan	40	91,4	711,57	56,92	54,8	54,94
Molybdän	—	—	601,56	96,25	95,9	95,9
Natrium	—	—	579,32	23,17	22,995	22,989
Nickel	25	57,14	733,8	58,7	58,6	58,7
Palladium	—	—	1418	113,4	106,2	106,4
Phosphor	9	27	167,512	26,8	30,96	30,97
Platin	100	228,5	1206,7	193,07	194,3	195,0
Quecksilber	167	190,8	2531,6	202,5	199,8	200,5
Rhodium	—	—	1490,3	103,2	104,1	102,91
Sauerstoff	7	16	100	16	15,96	15,999
Schwefel	13	29,7	201	32,16	31,98	32,06
Silber	100	114,3	2688,17	107,52	107,66	107,87
Silicium	—	—	304,35	32,46	28,0	28,08
Stickstoff	5	11,4	179,54	14,36	14,01	14,01
Strontium	—	—	1118,14	89,4	87,3	87,62
Tellur	—	—	806,48	129,03	127,7	127,6
Wasserstoff	1	1,14	6,636	1,0617	1,00	1,0079
Bismut	68	155,4	1774	212,88	207,5	208,98
Wolfram	56	128	2424,24	193,94	183,6	183,8
Zink	56	64	806,45	64,51	64.88	65,38
Zinn	50	114,3	1470,59	117,6	117,35	118,6

Verhältnissen vereinigen können, so sind diese Verhältnisse, wenn die Menge des negativ-elektrischen Körpers unverändert bleibt, Multipla nach 1 $1/_2$, 2, 4 usf, von dem kleinsten Verhältnisse, in welchen der positiv-elektrische Körper mit dem negativ-elektrischen verbunden sein kann. [A 22, S. 5].

Mit der Einbeziehung der Eigenschaften „elektro-positiv" und „elektro-negativ" erreichten Berzelius' Betrachtungen über die Verbindungsverhältnisse eine neue Qualität, indem nicht mehr nur nach den Verhältnissen der Elemente in einer Verbindung gefragt wurde, sondern nun auch nach den Ursachen für das Zustandekommen der Bindungen.

In den folgenden Jahren (vor allem bis 1820) gab es für Berzelius zwei wichtige Arbeitsgebiete. Einerseits trieb er seine analytischen Arbeiten unermüdlich weiter und schuf ein gewaltiges Zahlenmaterial, wobei er seine Forschungen auf organische Verbindungen ausdehnte und das Gesetz der multiplen Proportionen auch in diesen Verbindungen bestätigte, ohne jedoch sein Hauptarbeitsgebiet der anorganischen Verbindungen zu verlassen. Andererseits schuf er eine Theorie der chemischen Bindung, die eine ständige Weiterentwicklung seiner 1812 erstmals konzipierten elektrochemischen Theorie unter Aufnahme der Atomistik Daltons darstellt, die ihren Abschluß in dem Werk „Versuch über die Theorie der chemischen Proportionen und über die chemischen Wirkungen der Elektrizität" [A 12] (1818/1820) findet. Diese Entwicklung darzustellen ist besonders wichtig unter Berücksichtigung der Auseinandersetzung Berzelius' mit der Daltonschen Atomtheorie, denn im Gegensatz zu früheren historischen Darstellungen hat Berzelius die Daltonsche Lehre von den Atomen in ihrer Bedeutung nicht sofort in den Arbeiten über Atommassen erkannt und akzeptiert.

Fußnoten zu Tabelle 2

*) Quelle: J. Dalton: A New System of Chemical Philosophy. Part II. London 1810.

**) Quelle: J. J. Berzelius: Versuch durch Anwendung der elektrisch-chemischen Theorie und der chemischen Proportion[en]lehre ein rein wissenschaftliches System der Mineralogie zu begründen. J. Phys. Chem. 11 (1814) 193, 12 (1814) 17.

***) Quelle: L. Meyer u. K. Seubert: Die Atomgewichte der Elemente aus den Originalzahlen neu berechnet. Leipzig 1883.

Theorie der chemischen Proportionen

Elektrochemische Theorie

Unter den theoretischen Arbeiten von Berzelius nimmt seine elektrochemische Theorie der chemischen Bindung die zentrale Stellung ein, da zum einen Berzelius selbst seine weiteren chemischen Anschauungen auf dieser Theorie aufbaute und zum anderen die Auseinandersetzung um die elektrochemische Theorie der Ausgangspunkt für die weitere Entwicklung der theoretischen Grundlagen in der Chemie ab etwa 1835 war.

Die Schaffung einer elektrochemischen Theorie, die in die Zeit der Bestimmung der Atommasse und der exakten Verbindungsverhältnisse von Elementen fällt, hatte ihren Ausgangspunkt sicherlich in den elektrochemischen Untersuchungen, die Berzelius nach Davys erster Bakerian-Lecture aufnahm und die bereits früher dargestellt wurden. Er setzte sich sehr ausführlich mit Davys elektrochemischen Publikationen auseinander. Ehe auf die konkreten Ansatzpunkte in Davys Arbeiten eingegangen wird, sei auf einen weiteren Umstand verwiesen, der für die Entwicklung der elektrochemischen Theorie in dieser Form sehr wichtig war. Berzelius war bis zum Zeitpunkt der Publikation noch nicht mit der Atomtheorie von Dalton vertraut, da er das Hauptwerk Daltons nicht zur Verfügung hatte. Obwohl er schon 1810 Davy in einem Brief um die Zusendung eines Exemplars des Buches „A New System of Chemical Philosophy" bat, gelangte es erst 1812 in seine Hände.

So entwickelte Berzelius eine Theorie, die ohne die Annahme diskreter Atome auskam. Er bezog sich vielmehr auf die Ansätze Davys in seiner Bakerian-Lecture von 1807, wo dieser im 8. Abschnitt „Über den Zusammenhang zwischen den elektrischen Kräften der Körper und ihre chemischen Verwandtschaften" [21] dargelegt hatte:

Es läßt sich denken, daß ähnliche Wirkungen [d. h. der Ausgleich elektrischer Ladung verschiedenen Vorzeichens – L. D.] stattfinden, indem Sauerstoff und Wasserstoff sich miteinander zu Wasser verbinden, einem Körper, der, wie es scheint, in Beziehung auf fast alle anderen Substanzen in Hinsicht der elektrischen Kraft neutral ist; und eine ähnliche Erhöhung der Kräfte findet wahrscheinlich in allen Fällen des Verbrennens statt. [21, S. 38]

Davys Auffassung war eine konsequente Weiterentwicklung der Lavoisierschen Vorstellungen von chemischen Reaktionen, die die Oxydation der Verbindungen als zentralen Gegenstand für die Überlegungen über den Ablauf chemischer Reaktionen betrachtete.

Lavoisier löste die Phlogistontheorie Stahls ab, die für den wichtigen Vorgang der „Verkalkung" der Metalle, also der Oxidbildung nach heutiger Bezeichnung, die These aufstellte, daß das „reine brennliche Wesen" als unwägbarer Stoff während der „Verkalkung" aus den Metallen austrat und somit den Metalloxiden als Reste einer Verbindung andere Eigenschaften verlieh. Mit der Entdeckung des Sauerstoffs und der gravimetrischen Verfolgung der Verbrennungsvorgänge wurde nun die Theorie der „Verkalkung" umgestellt und die Metalloxide als Verbindungen von Sauerstoff mit den Metallen richtig erkannt. Viele Anhänger der Phlogistontheorie (Phlogistiker) nahmen jedoch die neue Theorie nicht an, weil u. a. die Wasserstoffverbrennung durch Lavoisier noch ungeklärt blieb.

Deshalb spielte gerade die Bildung des Wassers im speziellen und der Sauerstoff im allgemeinen eine dominierende Rolle in den theoretischen Überlegungen der Chemiker, die in der Tradition Lavoisiers standen, wozu die gesamte Generation von Davy und Berzelius gehörte. Diese Entwicklungslinie von Lavoisier zum Berzeliusschen Konzept der chemischen Bildung hat den Berzelius-Biographen Söderbaum veranlaßt, von einer „Lavoisier-Berzeliusschen Sauerstofftheorie" zu sprechen, doch wird der Begriff dem Inhalt von Berzelius' Theorie nicht gerecht.

Zunächst griff Berzelius 1810 die These Davys, daß die Oxydation eine „Neutralisation elektrischer Ladungen sei", auf und entwikkelte sie weiter, indem er seine Betrachtungen auf alle Verbindungsklassen ausdehnte. Dabei stand er unter dem Eindruck der zahlreichen elektrochemischen Experimente zur Zerlegung von Stoffen, die bisher nicht zu trennen waren. Er faßt diese Entwicklung in seiner fundamentalen Arbeit zur elektrochemischen Theorie, dem „Versuch, die chemischen Ansichten, welche die systematische Aufstellung der Körper, in meinem Versuch einer Verbesserung der chemischen Nomenklatur begründen, zu rechtfertigen" [32] zusammen, die im Teil I „Vom Einflusse der Elektrizität auf die Verwandtschaften. Grundzüge einer elektrochemischen Theorie" folgende Passage enthält:

Die Versuche, welche mit der elektrischen Säule angestellt sind, haben zur Genüge gezeigt, wie die Elektrizitäten in die chemischen Verwandtschaften sich einmengen, und wie sie deren Spiel zuweilen unterbrechen und nicht selten in umgekehrter Ordnung versetzen. Noch ehe die elektrische Säule entdeckt war, hatte man bemerkt, daß das Gleichgewicht der beiden Elektrizitäten zuweilen durch chemische Prozesse aufgehoben wurde, und die Erfahrungen, welche wir in den verflossenen 10 Jahren gesammelt haben, überzeugen uns hinreichend, daß jeder chemische Prozeß, er mag nun innerhalb oder außerhalb dem Wirkungskreise der elektrischen Säule vor sich gehen, auch zugleich ein elektrischer ist, und überhaupt, daß keine Verwandtschaftsäußerung ohne die Mitwirkung der Elektrizitäten möglich ist. [32, S. 125].

In konsequenter Fortführung dieser Auffassung mußte Berzelius nun die „Elektrizitäten" der einzelnen Elemente während der „Verwandtschaftsäußerung", d. h. in einer Reaktion, wenigstens qualitativ angeben. Das war natürlich das Feld für den brillanten Systematiker Berzelius, der bei der Vielzahl eigner und fremder experimenteller Daten nach einer Einteilung suchte, nachdem das ordnende Prinzip erst einmal vorgegeben war:

Da wir nun die elektrische Säule zum Unterscheidungsmittel des elektrochemischen Verhaltens der Körper am häufigsten benutzen, so ist es am bequemsten, die Körper, nachdem sie in Verbindung mit dem einzigen absolut elektropositiven Körper, d. i. mit dem Sauerstoff, sich zu dem einen oder dem anderen Pole [d. h. der Anode oder Kathode, wie Faraday später die Bezeichnung festlegte – L. D.] der Säule begeben, in Elektropositive und in Elektronegative einzuteilen … [32, S. 128]

Die zentrale Stellung hat der Sauerstoff, was die Lavoisierschen Wurzeln seiner Theorie nur unterstreicht. Das zeigt sich auch in der Einteilung der Gruppen der Stoffe, doch zunächst erläutert Berzelius noch die gewählten Bezeichnungen elektropositiv und elektronegativ und verweist darauf, „daß, wenn wir die Körper elektropositiv nennen, welche sich nach dem positiven Pol (der Anode – L. D.) begeben, so sind diese gerade solche, die bei der Berührung negative Elektrizität zeigen". Interessant ist der Umstand, daß die Bezeichnungsweise von Berzelius in der Elektronegativität als quantitativer Ausdruck für die Aufnahme von Elektronen durch Atome im 20. Jahrhundert eine Renaissance erfahren hat.

Doch Berzelius war es in seiner Zeit nicht möglich, ein Maß für das elektronegative oder elektropositive Verhalten der Verbindungen anzugeben. Deshalb entschloß er sich zur Darstellung der relativen Größe dieser Eigenschaft und einer Reihenfolge der Elemente unter diesem Aspekt. Er teilte die Elemente zunächst in fünf verschiedene Gruppen oder Klassen ein, die er wie folgt darstellt:

In Hinsicht des relativen elektrochemischen Verhaltens der Körper unter sich können wir sie folgendermaßen einteilen:
1. *Absolut elektropositiv:* der Sauerstoff.
2. *Elektropositive,* welche mit Sauerstoff Säuren bilden, und also gegen die meisten oxydierten Körper elektropositiv sind. In diese Klasse gehören die Metalloide [d. h. Nichtmetalle – L. D.] und die säurefähigen Metalle
3. *Abwechselnde,* welche gegen die vorhergehenden elektronegativ, gegen die fünfte Klasse aber elektropositiv sind, hierher gehören auch solche, die in einer Oxydationsstufe Basen und in höheren Stufen Säuren bilden ...
4. *Indifferente,* deren Verbindungen mit Sauerstoff weder Säuren noch Basen sind, und im Allgemeinen äußerst schwache Verwandtschaften äußern
...
5. *Elektronegative,* deren Oxide niemals an dem positiven Pol der Säule sich ansammeln. Die mehrsten davon (und vielleicht alle) mit Sauerstoff übersättigt, geben Hyperoxide, in welchen der Überschuß des Sauerstoffs gegen andere brennbare Körper elektropositiv ist, das Radikal aber, mit dem übrigen Anteil Sauerstoff, nimmt an dieser Positivität keinen Anteil.
Die metallischen Radikale der Alkalien und das Mangan, das Silber u. m. gehören in diese Klasse. [32, S. 129].

Berzelius ist sich bewußt, daß es keine klare Trennung zwischen diesen Gruppen, sondern einen fließenden Übergang gibt. Interessant ist an dieser Stelle noch die Bezeichnung „metallisches Radikal" für die Alkali- und Erdalkalimetalle, deren metallischer Charakter seiner Meinung nach beispielsweise nicht dem des Eisens entspricht. Berzelius hatte den Begriff des Radikals schon in Gebrauch, der dann für die Typentheorie eine grundlegende Bedeutung erlangte.
Berzelius belegt an zahlreichen Beispielen die Vorzüge seiner Theorie für die Erklärung chemischer Reaktionen, wobei er den Grundsatz vorausschickt, „daß die chemischen Verwandtschaften der Körper um so größer sind, je mehr ihr elektrochemisches Verhalten im Gegensatz ist". Auf eine Reihung der Elemente, die in der deutschsprachigen Publikation nicht angegeben ist, soll später eingegangen werden.

Die abschließende Frage, die Berzelius in konsequenter Ausschöpfung der Lavoisierschen Theorie stellt, betrifft das Verhältnis von Elektrizität zur Wärme und zum Licht. Die Existenz einer solchen Verbindung haben zahlreiche Experimente bewiesen. Was ist Elektrizität?

Nach Lavoisier sind die Wärme und das Licht stofflicher Natur, d. h., es gibt einen „Wärmestoff" und einen „Lichtstoff". Die Definition, die Berzelius für die Elektrizität, d. h. die elektrische Ladung gibt, schöpft die Erkenntnis seiner Zeit voll aus:

Wir können uns also die Elektrizitäten ... als Körper vorstellen, welche gegen die Erde nicht gravitieren (oder wenigstens nicht in einem für uns bemerkbaren Grade), welche aber gegen die gravitierenden Körper Verwandtschaften äußern, und wenn sie von diesen Verwandtschaften nicht gebunden werden, sich durchs „Universium ins Gleichgewicht zu setzen streben". [32, S. 141].

In späteren Publikationen hat sich Berzelius nicht wieder so ausführlich zu den grundlegenden Begriffen der Elektrizitätslehre geäußert, doch hatte er sich 1810 sehr intensiv mit den Imponderabilien, den unwägbaren Stoffen Licht, Wärme und Elektrizität auseinandergesetzt. Auch hier trieb es den Systematiker Berzelius wieder zu einer neuen Leistung, die in die Grundlagen der Chemie eingriff. Nomenklatur und Symbole der Chemie wurden reformiert und das in einer Weise, die so weitsichtig war, um auch der heutigen Chemikergeneration als Grundlage für den Dialog untereinander zu dienen. Allerdings wissen wohl 99,9 % der heutigen Chemiker kaum, wem sie den Umstand zu verdanken haben, daß sie auch in einer japanischen oder arabischen Publikation ohne Fremdsprachenkenntnisse die Reaktionsgleichungen und Strukturformeln erkennen können.

Chemische Nomenklatur und chemische Symbole

Nur wenige Chemiker können heute eine chemische Publikation aus dem 18. Jahrhundert noch lesen. Begriffe wie Hornsilber, Spießglanzkönig, Feuerluft, fixes Alkali und andere sind heute nicht mehr gebräuchlich. Wenn dafür Silberchlorid, Antimon, Sauerstoff bzw. Natriumcarbonat benutzt werden, so geht das auf einen Vorschlag von Louis Bernard Guyton de Morveau zu-

rück, der 1782 an eine neue und sinnvolle Nomenklatur in der Chemie die Forderung stellte, daß die Namen der chemischen Verbindungen auch Angaben über deren Aufbau enthalten müssen. 1787 unterbreitete er gemeinsam mit Lavoisier, Berthollet und Antoine François de Fourcroy eine neue Nomenklatur chemischer Verbindungen. Während alteingebürgerte Namen für die Metalle beispielsweise beibehalten wurden, gab es für die neuentdeckten Gase die neuen Bezeichnungen Sauerstoff (Oxygène), Wasserstoff (Hydrogène) und Stickstoff (Nitrogène bzw. azote).
Der Begriff der Säuren und der Oxide wurde eingeführt und Regeln für die Benennung der Säuren und Salze angegeben. Diese Nomenklatur der Lavoisierschen Theorie verbreitete sich mit der neuen Theorie. So nahm sie Berzelius aus dem Buch Girtanners auf, der selbst noch ein weiteres Buch mit der deutschen Nomenklatur [33] im Lavoisierschen Sinne publiziert hatte. In Schweden setzte sich die neue Terminologie durch zwei Bücher durch. Anders Sparrman, Berzelius' Chef und Amtsvorgänger in Stockholm, übersetzte Fourcroys „Philosophie chymique on verités fondamentales de la philosophie moderne" ins Schwedische, und aus der Feder Ekebergs und Per Afzelius' stammte der „Försök till Svensk Nomenklatur för Kemien" (Versuch zu einer schwedischen Nomenklatur für Chemie). Beide Bücher erschienen 1795 und trugen dazu bei, daß die jüngeren Chemiker Schwedens wie Berzelius diese antiphlogistische Terminologie benutzten.
Als Berzelius 1811 den Auftrag erhielt, die Neuauflage der schwedischen Pharmakopöe zu besorgen, die dann 1817 erschien, war er vor die Aufgabe gestellt, eine Reform der Nomenklatur durchzuführen, denn die Nomenklatur mußte jeden Irrtum und jede Verwechslung ausschließen (was mit der bisherigen nicht möglich war), in einer Pharmakopöe könnte das über Leben und Tod von Patienten entscheiden. Sein Prinzip für eine Nomenklatur war, daß „nichts, als was unumgänglich notwendig sei, geändert, und daß ihnen [den bisherigen Bezeichnungen – L. D.] nur ganz unentbehrliche hinzugefügt werden müssen". Bei der Bildung und Darstellung der Nomenklatur beabsichtigte er, „theoretischen Ideen" zu folgen, die natürlich seine elektrochemische Theorie zur Grundlage hatten. Außerdem ist noch ein Umstand besonders hervorzuheben: Für die Bearbeitung einer Pharmakopöe durch den Mediziner Berzelius unter Aufsicht des Collegium medicum war es selbst-

verständlich, daß die benutzte Sprache nur Latein sein konnte.
Das war für die Anwendung der Nomenklatur wie auch der daraus abgeleiteten chemischen Symbole von außerordentlicher Wichtigkeit. Noch war Latein die internationale Gelehrtensprache, in
der sich auch die Naturwissenschaften um 1800 in Publikationen
verständigen konnten. Der im 19. Jahrhundert einsetzende Rück-
gang der lateinischen Sprache als Verständigungsmittel traf die
Chemie nicht. Das Grundgerüst der Nomenklatur und Symbolik
war eingeführt und hatte sich sprachlich verselbständigt.

13 Berzelius - Porträt
nach einer Berzelius-
Büste aus dem Besitz
von Pierre-Louis Du-
long. Der idealisieren-
de Stich stammt von
Ambroise Tardieu.

Berzelius schlug in seiner Arbeit „Versuch einer lateinischen Nomenklatur für die Chemie, nach elektrisch-chemischen Ansichten"
[34] zunächst eine Einteilung der Stoffe und die Regeln für die
Bezeichnung der Stoffe vor. Als Anhänger Lavoisiers berücksich-
tigte er noch die Imponderabilien, doch die weitere Einteilung
der Stoffe wird noch heute in ihren Grundzügen beibehalten. Alle
einfachen Stoffe waren nach „elektropositiven" und „elektronegativen" Eigenschaften geordnet. Die erstgenannte Verbindungs-
klasse sollte adjektivisch mit den Endungen -cium bzw. -osum,
die zweitgenannte mit den Endungen -idum oder -etum versehen

Tabelle 3:

Übersicht über Berzelius' „Versuch einer lateinischen Nomenklatur für die Chemie, nach elektrisch-chemischen Ansichten"

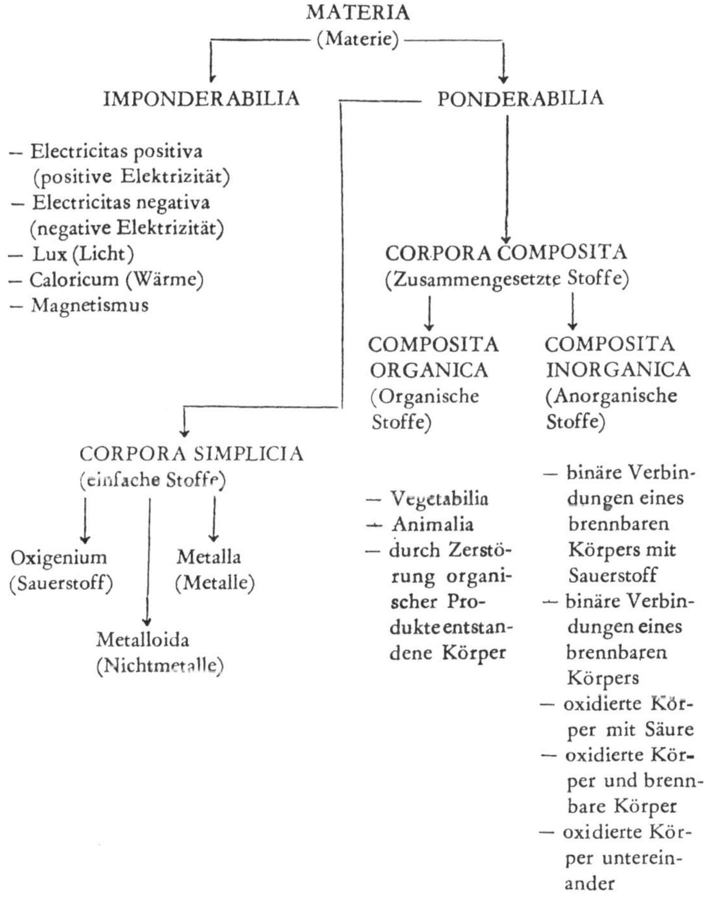

werden: Ox**idum** sulfuro**sum** für SO_2 und ox**idum** sulfuricum für SO_3. Bei mehreren Oxydationsstufen sollte das Präfix hypo- oder hyper- als zusätzliche Kennzeichnen Verwendung finden (z. B. Hypochlorid). Für eine niedrigere bzw. höhere Oxydationsstufe sollten die Präfixe sub- bzw. super- angewendet werden (Suboxid,

Superoxid). Zur Kennzeichnung von Multipla in den Verbindungen wurde die Verwendung der entsprechenden Zahlworte bi-, tri-, quadro- usw. vorgeschlagen. Aber Berzelius forderte nicht nur, er akzeptierte auch. So beließ er die wichtigen Begriffe aus Lavoisiers Theorie und Nomenklatur: „Säure" (acidum) ebenso „Base" (oxidum). Er versuchte nicht, die neuen Namen oxidum für Säure und oxetum für Base durchzusetzen. Dafür gab er den sauren Oxiden der Nichtmetalle die folgerichtigen Bezeichnungen seiner Theorie: chloridum, jodidum, selenidum, sulfidum.

Diese Aufzählung der wichtigsten Bezeichnungsvorschläge zeigt schon, daß unsere heutige Nomenklatur in vielen Fällen auf Berzelius zurückgeht. Sie ist natürlich heute ebensowenig ein starres Gebilde, wie sie es für Berzelius war. Bei der Übertragung der Arbeit von Berzelius in andere Sprachen hat es Veränderungen gegeben, die bis heute zu den Eigentümlichkeiten allgemeinen Sprachgebrauches geführt haben.

Die deutsche Herausgabe von Berzelius' Arbeit nahm der Chef der „Annalen der Physik", Gilbert, im Band 42 (1812) vor, der Eigenes in die Nomenklatur einbrachte und beispielsweise gegen die Endung -ium der Metalle opponierte und teilweise Recht erhielt. Erst 1980 sind die IUPAC-Festlegungen dazu wieder auf einen konsequenten Weg in Berzelius' Sinne eingegangen und haben die Endung -ium stärker in Gebrauch gebracht. Die Nomenklaturregeln von Berzelius in der Anwendung lateinischer Bezeichnungen bildeten die Grundlage für seine eigene tiefgreifende Leistung bei der Schaffung einer chemischen Symbolik. In ihrem Hauptpunkt stellt sie eine sehr konsequente Reform dar, auch wenn zahlreiche Anwendungsvorschläge für Symbolkombinationen von Berzelius aus Gründen der Zweckmäßigkeit wieder fallen gelassen wurden. In den Elementsymbolen hatte die Chemie einen enormen historischen Ballast aus den Zeit der Alchimie zu tragen. Die Elemente wurden in dieser Zeit den Planeten zugeordnet und übernahmen von letzteren die Symbole, von denen sich dann die Verbindungen durch Zusätze ableiteten. Im 18. Jahrhundert wurde von diesem System zunächst nicht abgegangen, sondern dasselbe nur ergänzt und reformiert. Ein wichtiges Beispiel dafür ist der Vorschlag von Berzelius' Landsmann Torbern Bergman, die Elemente nach ihren Merkmalen durch Symbole zu bezeichnen und eine Gruppeneinteilung vorzunehmen.

Chemische Symbole in ihrer geschichtlichen Entwicklung

Elemente und Verbindungen	Bergman 1780	Adet und Hassenfratz vor 1787	Dalton 1803	Berzelius 1812
Sauerstoff				O
Wasserstoff				H
Stickstoff				N
Kohlenstoff				C
Schwefel				S
Phosphor				P
Gold				Au
Platin				Pl (!)
Silber				Ag
Quecksilber				Hg
Kupfer				Cu
Eisen				Fe
Nickel				Ni
Zinn				Sn
Blei				Pb
Zink				Zn
Bismut				Bi

Elemente und Verbindungen	Bergman 1780	Adet und Hassenfratz vor 1787	Dalton 1803	Berzelius 1812
Antimon	♁	(Sb)	(An)	Sb
Arsen	o—o	(As)	(Ar)	As
Cobalt	⚲	(K)	(Cob)	Co
Wasser	▽	)⁻	⊙○	Ḧ
Soda (Natrium-carbonat)		(S)	⬤⬤	Ṅa C̈
Schwefelsäure	△			Ḧ S̈
Oxalsäure	⊕+	▢		Ḧ C̈ (Ō)

Als Grundsymbole verwendete er das Dreieck, den Kreis, eine
Krone und ein stehendes Kreuz. Deren Abänderung wie z. B.
beim Dreieck zur Darstellung der aristotelischen Elemente Erde,
Feuer, Wasser (und Luft), verschiedene Stellungen und Zusätze
desselben, sollten eine übersichtliche Symbolik liefern. Aber auch
Bergman hatte einige Inkonsequenzen in seinem System. Er behielt
für Stoffe wie Kalk, Bariumoxid u. a. noch die alchimistischen
oder einige nicht den 4 Grundarten zugehörige Symbole bei. Eine
weitere Vereinfachung war das System der beiden Franzosen
Pierre Auguste Adet und Jean Henri Hassenfratz, die sechs Grundsymbole benutzten und für die Kennzeichnung der Metalle beispielsweise einen Buchstaben in einer geometrischen Gestalt (z. B.
Dreieck) anordneten. Damit konnte man auch neue unbekannte
Stoffe in dieses offene System aufnehmen, ohne die Grundsymbole
aufzugeben. So war sichergestellt, „daß in der Erfindung der Zeichen keine Willkür mehr herrschen wird" (Lavoisier). Dieses

System wurde von Lavoisier, Berthollet und Fourcroy in der Schrift „Über die neuen in der Chemie anzuwendenden Zeichen" zur allgemeinen Anwendung in der „antiphlogistischen Chemie" empfohlen. Allerdings gaben in den Verbindungen die Symbole von Adet und Hassenfratz nur einen qualitativen Ausdruck für die Bestandteile derselben, auch wenn eine quantitative Angabe angestrebt war. Aber das neue französische System konnte sich nicht richtig durchsetzen.

In die weitere Entwicklung griff Dalton ein, der zur Veranschaulichung des von ihm gefundenen Gesetzes der multiplen Proportionen die Anschauung der Griechen zur Existenz von den kleinsten unteilbaren Teilchen eines Stoffes, den Atomen, aufnahm und in Form von Symbolen darzustellen suchte. Dazu wählte er zweckmäßigerweise Kreise, die von verschiedener Größe waren wie die Atome nach seiner Theorie.

Das Neue seines Systems war es nun, daß er die „einfachen Atome" (der Elemente) als Bestandteile eines „zusammengesetzten Atoms" (= Molekül) darstellte und sogar eine Orientierung der einzelnen Atome im Molekül angeben konnte. Zur Kennzeichnung der Atome eines Elementes benutzte er zunächst noch Buchstaben in den Kreisen, die er aber dann (außer bei den meisten Metallen) aufgab und verschiedene Zeichnungen in die Kreise einführte, womit er seine Symbole wiederum komplizierte und das sich selbst gestellte „Prinzip der größten Einfachheit" nicht völlig erreichen konnte. Aber diese Einschränkungen waren nicht der Hauptgrund dafür, daß Daltons Symbolik keine Anwendung fand. Der Vorschlag Daltons basierte auf seiner noch nicht akzeptierten Atomtheorie, und kurze Zeit nach Erscheinen seiner Darstellung der atomistschen Theorie der Chemie und ihrer Symbolik in seinem Buch „A New System of Chemical Philosophy" (1808/1810) [35] veröffentlichte Berzelius seine nichtatomistische Elementsymbolik.

Wie bereits dargestellt, war Berzelius vor 1812 mit Daltons Werk nicht vertraut, und als er vom Autor dann ein Exemplar des Buches erhielt, hat er nicht sofort die Auffassungen Daltons mit allen Konsequenzen geteilt, sondern zunächst noch Kritiken daran geäußert. In der Zwischenzeit aber war er dabei, seine Grundauffassungen über eine neue Symbolik zu erarbeiten.

Ausgangspunkt war für Berzelius seine eigene, neue Nomenklatur,

71

die in lateinischer Sprache abgefaßt war. So hatten auch die Elemente nun eine lateinische Bezeichnung.

Zur Vereinfachung der Darstellung von chemischen Formeln und „um ein gedrucktes Buch nicht zu verunstalten", hatte Berzelius einen verblüffend einfachen Vorschlag:

Ich werde daher als chemisches Zeichen den Anfangsbuchstaben des lateinischen Namens eines jeden elementaren Stoffes nehmen. [34]

Damit war nur eine Bedingung für die zweifelsfreie Kennzeichnung der Elemente gegeben, denn bekanntlich ist die Anzahl der Buchstaben des lateinischen Alphabets kleiner als die Zahl der bekannten Elemente, so daß verschiedene Buchstaben mehrfach belegt sind. Doch Berzelius hatte auch dafür ein Konzept:

Da verschiedene Stoffe den gleichen Anfangsbuchstaben haben, so will ich sie unterscheiden auf folgende Art:
1.) Bei der Klasse von Körpern, welche ich Metalloide nenne, will ich lediglich den Anfangsbuchstaben gebrauchen, selbst wenn das Metalloid diesen gemein hat mit irgendeinem Metall.
2.) In der Klasse von Metallen will ich diejenigen, welchen denselben Anfangsbuchstaben mit einem anderen Metall oder Metalloid gemein haben, dadurch unterscheiden, daß ich die zwei ersten Buchstaben des Wortes schreibe.
3.) Wenn die ersten zwei Buchstaben bei zwei Metallen dieselben sind, so will ich in diesem Falle zum Anfangsbuchstaben noch den ersten Konsonanten setzen, welchen sie nicht gemein haben. [34].

Die näheren Beispiele sind in dieser deutschsprachigen Publikation nicht enthalten, doch folgt noch ein Satz, der Berzelius' Stellung zum Atomismus in der Zeit um 1814 klar zu erkennen gibt: „Das chemische Zeichen drückt immer ein Volumen des Stoffes aus." Eine atomistische Symbolik lag ihm fern, aber eine außerordentlich praktikable hatte er geschaffen.

Auch für hinzukommende Elemente waren die Bezeichnungsregeln vorgegeben, und die neuen Symbole ließen sich einfach in die Liste der bekannten aufnehmen. Das Ziel, „den Ausdruck chemischer Verhältnisse zu erleichtern", hatte Berzelius mit den latinisierten Elementensymbolen erreicht, auch wenn Dalton sie „wie Hebräisch" zu deklarieren suchte. Die Elementensymbole waren von den Naturforschern in allen Ländern leicht erlernbar und übersichtlich.

Ein Umstand soll nicht verschwiegen werden, der sich aus Berzelius' Symbolen und deren Benutzung zur Kennzeichnung von

Verbindungen ergab: Die Stellung der Elemente zueinander (in der Fläche oder sogar im Raum) ging verloren. Obwohl Berzelius selbst noch in solchen Dimensionen dachte, wie wir noch sehen werden, war für die Allgemeinheit der Zugang zu einer Strukturchemie mit Berzelius' Symbolen versperrt.

In den Jahren nach 1814 hat Berzelius die Anwendung der Zeichensprache der Chemie selbst immer weiter ergänzt und verändert, ohne dabei jedoch stets eine glückliche Hand zu haben. 1818 gab er folgende Symbole an (nach [A 12]):

1) Sauerstoff: O
2) Schwefel: S
3) Nitricum: N
   (Radikal des Stickstoffs)
4) Radikal der Salzsäure: M
5) Radikal der Flußspatsäure: F
   (Fluoricum)
6) Phosphor: P
7) **Boron: B**
8) Kohle: C
   (Carbonium)
9) Wasserstoff: H
10) Selenium: Se
11) Arsenik: As
12) Molybdän: Mo
13) Chrom: Ch
14) Wolfram: W
15) Antimon: Sb
16) Tellurium: Te
17) Tantal: Ta
18) Titan: Ti
19) Silicium: Si
20) Osmium: Os
21) Iridium: Ir
22) Rhodium: R
23) Platina: Pt
24) Gold: Au
25) Palladium: Pa
26) Silber: Ag
27) Quecksilber: Hg
28) Kupfer: Su
29) Nickel: Ni
30) Kobalt: Co
31) Wismut: Bi
32) Zinn: Sn
33) Blei: Pb
34) Eisen: Fe
35) Cadmium: Cd
36) Zink: Zn
37) Mangan: Mn
38) Cerium: Ce
39) Uranium: U
40) Zirconium: Zr
41) Yttrium: Y
42) Beryllium oder Glucium: Be
43) Aluminium: Al
44) Magnesium: Mg
45) Calcium: Ca
46) Strontium: Sr
47) Barytium oder Barium: Ba
48) Lithium: L
49) Natrium, Sodium: Na
50) Kalium, Potassium: K

(Diese Reihenfolge ist gleichzeitig die 1818 gültige der elektrochemischen Theorie nach Berzelius.)

Nur die Elemente 4, 13, 22, 48 haben noch nicht die heute übliche Bezeichnung, die aber später noch von Berzelius selbst verändert wurde.

Berzelius lieferte nicht nur die Symbole für die Elemente, sondern auch für organische Stoffe, wobei er organischen Säuren und

Basen ein Symbol und auch den Substituenten ein Kurzzeichen gab, so z. B. für Essigsäure $\bar{A}$, für Oxalsäure (Kleesäure) $\bar{O}$ und für Anilin $\overset{+}{A}$. Mit den Zusätzen zu den Buchstaben machte es der Autor sich und dem Setzer aber schwer, obwohl die leichte Veranschaulichung von chemischen Reaktionen durchaus damit möglich war. Diese organische Symbolik setzte sich nie durch.

Bei der Angabe der Summenformel komplizierte Berzelius zunehmend seine Darstellungsweise. Zunächst wurde die Anzahl der Volumina oder Atome mit hochgestellten Zahlen z. B. SO^3 angegeben. Zur „Verbesserung" der Deutlichkeit von Summenformeln führte Berzelius 1827 noch folgende Änderungen ein: Sind zwei Atome eines Stoffes an der Verbindung beteiligt, so werden sie mit einem Querstrich gekennzeichnet: ₶ für H^2, ₽ für P^2. Sauerstoffatome werden in Verbindungen durch einen Punkt dargestellt: $\dot{S}$ für SO^3, und Schwefel als hochgestellter Strich: Fe″ für FeS^2. Gegen diese Schreibweise opponierten später die Herausgeber Justus Liebig für die „Annalen der Chemie" und Johann Christian Poggendorff für die „Annalen der Physik". Damit wurden Berzelius' Verbesserungen fortgelassen, wovon die Setzer besonders profitierten. Weiterhin wurden zur Vermeidung von Verwechslungen mit Exponenten die Anzahl der Atome in der noch heute üblichen Weise rechts unten angeführt: P_2O_5 (vorher ₽ oder P^2O^5). Auch die elektrochemisch-dualistische Schreibweise der Salze durch Berzelius: $CaO + SO^3$ aus der Einteilung

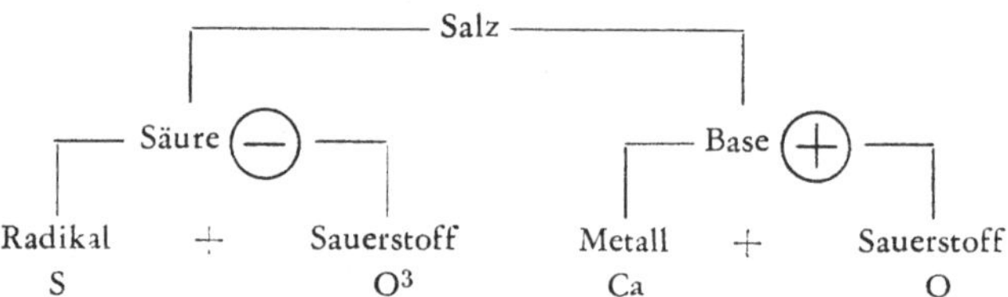

für $CaSO_4$ wurde dabei aufgegeben. Die Schreibweise der Summenformeln ist seither nahezu unverändert geblieben.

Eine zweite Berzeliussche Symbolschöpfung erwies sich nicht von gleicher Dauerhaftigkeit. Sie lag auf einem Gebiet, das bisher völlig unerwähnt blieb: die Mineralogie.

Neues System der Mineralogie

Berzelius fand zur Mineralogie auf recht eigenartige Weise Zugang. In seinen „Selbstbiographischen Aufzeichnungen" schilderte er den Anlaß folgendermaßen:

Ein englischer Arzt, Dr. MacMichael, hatte im Winter 1812–13 sich ein wenig mit chemischen Versuchen in meinem Laboratorium beschäftigt und beabsichtigte womöglich, verschiedene der selteneren schwedischen Mineralien für das Britische Museum anzuschaffen. Dazu fand sich eine Gelegenheit, da Ekebergs Erben seine Mineraliensammlung für einen besonders billigen Preis ausboten. Ich schlug MacMichael vor, sie zu kaufen. Nachdem er die Seltenheiten ausgewählt hatte, und da der Rest ihm zur Last fiel, bot er mir diesen als Basis für eine künftige Mineraliensammlung an. Ich nahm sein freundschaftliches Geschenk entgegen. Als ich dann nach einiger Zeit begann, Mineralogie zu studieren, um meine Sammlung zu ordnen, wobei ich von den am meisten befolgten Systemen Hauys, Werners, Karstens und Hausmanns Kenntnis nahm, schien mir weder in dem einen noch in dem anderen irgend ein durchgreifendes Prinzip herrschend zu sein . . . [B 3, S. 65].

Es lag Berzelius, der stets durch genaue Kenntnis des Details nach den großen Zusammenhängen in der Wissenschaft suchte, besonders nahe, hier ein neues, „sein wissenschaftliches System der Mineralogie zu begründen". Doch Berzelius war nicht nur Systematiker, er war auch Chemiker mit Leib und Seele. So wurde es natürlich ein „rein chemisches Mineralsystem". Damit brachte Berzelius die neuesten Anschauungen der Chemie in die Mineralogie ein, doch ist die chemische Zusammensetzung nicht das einzige Kennzeichen der Mineralien. Es ging den gestandenen Mineralogen über die berühmte Hutschnur, als der Dilletant der Mineralogie Berzelius sein System der Mineralogie 1814 in Stockholm publizierte.

Es erschien als deutsche Übersetzung im „Journal der Chemie und Physik" (Bd. 11, 1814, S. 193–233 und Bd. 12, 1914, S. 17 bis 62) noch im gleichen Jahr unter dem Titel: „Versuch, durch Anwendung der elektrisch-chemischen Theorie und der Proportionenlehre ein rein wissenschaftliches System der Mineralogie zu begründen". Berzelius teilte in Anwendung seiner lateinischen Nomenklatur die Minerale nach anorganischen und organischen Verbindungen ein. Nur in der ersteren Klasse gelang es Berzelius, seine elektrochemische Theorie anzuwenden, und so unterteilt er diese in „Sauerstoff" und „Brennbare Körper", wobei für letztere

die drei Unterordnungen „Metalloide", „Elektronegative Metalle"
und „Elektropositive Metalle" eingeführt werden. Die zweite
Klasse, deren Minerale „nach dem organischen Prinzip" aufgebaut
sind, verfügt über sechs Ordnungen: 1. „Deutlich verweste organische Stoffe". 2. „Harzartige Stoffe". 3. „Liquide Stoffe". 4. „Pech-
artige Stoffe". 5. „Gekohlte Stoffe". 6. „Salze". Für die Systematik der Minerale führte Berzelius nun wiederum Symbole mit
lateinischen Buchstaben ein, wie z. B.:

S	– Kieselerde	(SiO_2)
A	– Tonerde	(Al_2O_3)
G	– Beryllerde	(BeO)
M	– Talkerde	(MgO)
C	– Kalk	(CaO)
N	– Natron	(Na_2O)
F	– Oxidum ferricum	(Fe_2O_3)
Aq	– Wasser	(H_2O)
Fl	– Flußspatsäure	(HF)

Obwohl hier teilweise die Symbole anderen Stoffen als in der
chemischen Symbolik zugeordnet wurden, glaubte Berzelius eine
derartige Zeichengebung notwendig zu haben, um unsichere Sauer-
stoffgehalte nicht angeben zu müssen. Um 1850 ist diese mineralogische Symbolik völlig aufgegeben worden, als kleines Rudiment
ist bis heute die Bezeichnung „aq" für Kristallwasser geblieben.
Das mineralogische System von Berzelius basierte auf der Annahme, daß die Struktur eines Stoffes durch die chemische Zusammensetzung eindeutig bestimmt sei. Dieses Prinzip mußte mit der
Entdeckung der Isomorphie verlassen werden, und trotz einiger
späterer Reformversuche von Seiten Berzelius' ging die Systematik
in der allgemeinen Entwicklung der Mineralogie auf, wobei sie
das Wissensgebiet durch die Betonung der chemischen Zusammensetzung der Minerale, die 1758 bereits Berzelius' Landsmann Axel
von Cronstedt als neuen Aspekt ins Auge gefaßt hatte, durchaus
befruchtet hat.

Das theoretische Hauptwerk

Die bisher genannten drei Arbeitsgebiete, die in ihrer engen Verknüpfung dargestellt wurden, flossen nun in einem Werk zusammen, das als Einleitung zum dritten Teil seines Lehrbuches der Chemie 1818 in schwedischer Sprache erschien und den Gipfelpunkt seiner theoretischen Anschauungen in der Chemie darstellt. Die deutsche Ausgabe kam 1820 unter dem das Werk besser charakterisierenden Titel „Versuch über die Theorie der chemischen Proportionen und über die chemischen Wirkungen der Elektrizität nebst Tabellen über die Atomgewichte der meisten unorganischen Stoffe und deren Zusammensetzungen" heraus, in der die Verbesserungen der 1819 erschienenen französischen Übersetzung berücksichtigt wurden. Der etwas lang geratene Titel erweist sich

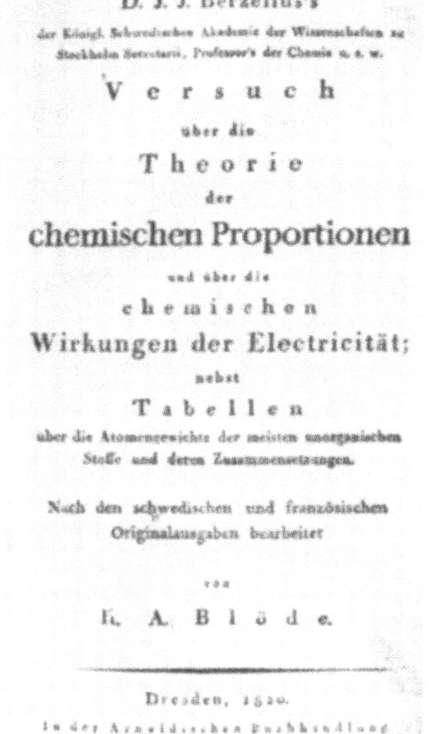

14 Berzelius' theoretisches Hauptwerk, das den Höhepunkt in seinem Schaffen markiert. Der Übersetzer des Buches, der Dresdener Finanzrat Karl August Blöde, brachte auch bei Arnold in Dresden den ersten Band des Lehrbuches heraus. Diese Ausgabe, von deren Übersetzung sich Berzelius in Dresden selbst überzeugte, erfuhr in Deutschland große Verbreitung

77

zwar beim Bibliographieren als unhandlich, doch verdeutlicht er den Inhalt dafür um so besser. Das Buch stellt eine Zusammenfassung von Berzelius' theoretischen Anschauungen der Chemie dar. Die französische und die deutsche Ausgabe sorgten zudem für eine schnelle Verbreitung des Werkes und eine große Resonanz in Europa. Das wichtigste Charakteristikum des Buches sei gleich vorweggenommen: Berzelius war vollständig auf dem Standpunkt von Daltons Atomtheorie angelangt. Das war nicht das Ergebnis eines plötzlichen Umschwenkens, sondern eines zähen Ringens um den Aufbau einer Hypothese zur Erklärung der Zusammensetzung chemischer Verbindungen.

In seiner Publikation „Über die Ursache der chemischen Proportionen" (Teil III) [36] hatte sich Berzelius der Atomtheorie schon weiter genähert, als bei seiner ersten Beschäftigung mit Daltons Theorie im Jahre 1812. Diese „Korpuskulartheorie", wie er die Atomtheorie Daltons nannte, akzeptierte Berzelius bereits in den Grundzügen, doch hatte er noch einige Einwände bzw. andersartige Vorstellungen. Dazu gab er in der genannten Publikation eine „Kurze Erläuterung der Korpuskulartheorie, wie ich sie auffasse".

Berzelius sah die Atome als unteilbare Kugeln gleicher Größe und als kleinste Teilchen eines Stoffes an. Im Molekül – Berzelius bezeichnete es als „zusammengesetztes Atom" – berühren sich die Atome und sind aneinandergereiht. Das Molekül hat demnach keine Kugelgestalt, ist außerdem mechanisch auch nicht teilbar. Ein Molekül der Zusammensetzung $A + 2B$ ist größer als $A + B$, wobei ersteres eine „trianguläre gleichseitige Pyramide ist, während letzteres eine lineare Form hat". Hier nimmt Berzelius mit der triangulären gleichseitigen Pyramide, dem Tetraeder, die Grundidee von van't Hoff und Le Bels Strukturtheorie organischer Verbindungen vorweg, doch ist diese Theorie bei Berzelius nicht ausgebaut oder in irgendeiner Weise verfolgt. Es zeigt sich, daß Berzelius auch unter Verwendung seiner lateinischen Elementensymbole noch in räumlichen Strukturen dachte, doch ging diese Anschauungsweise bei den Chemikern zunächst verloren. Ein weiterer divergierender Aspekt ist Berzelius' Auffassung, in Molekülen müsse es immer ein zentrales Atom geben, um das sich maximal zwölf weitere Atome lagern können. Dieser Punkt aber wird bei organischen Stoffen, die mehr als 13 Atome haben, verletzt.

78

Außerdem seien Oxide mit 1 $^1/_2$ Atomen Sauerstoff nicht vorstellbar. Weiterhin sprächen die Multipla z. B. 2 A + 2 B, 2 A + 3 B usw. gegen die atomistische Theorie, da sie wegen des Vorhandenseins zweier Zentralatome teilbar sein müßten. Für solche Befunde könne die Volumentheorie Gay-Lussacs zur Erklärung herangezogen werden: „Was in der einen Theorie Atom heißt, wird von der anderen Volumen (Maß) genannt", und „Es ist zu bemerken, daß wir hier ebenso gut wie in der atomistischen Theorie elementare Volumina der ersten und zweiten Ordnung haben." [36, S. 459] Letzten Endes lehnte Berzelius die Atomtheorie ab, seine Einwände riefen eine Entgegnung Daltons hervor, die in der deutschen Übersetzung auf Berzelius' Arbeit direkt folgt. [37].

Dalton wendet sich gegen die Auffassung, Atome hätten sämtlich die gleiche Größe. Nur die Atome eines Elementes sind in ihrer Größe identisch. Atome sollen sich nach Dalton nicht berühren, da sie von einer dünnen Schicht des Wärmestoffes umgeben seien, der immer in den Atomen vorhanden ist. Die elektrische Polarität und damit auch die Existenz von Zentralatomen sei in der atomistischen Theorie keine Voraussetzung, so daß auch das „ölbildende Gas" (Ethylen) aus zwei Atomen Kohlenstoff und zwei Atomen Wasserstoff fest zusammenhalte. Damit entfällt auch die Angabe einer maximalen Anzahl von Atomen um ein Zentralatom und die organischen Stoffe sprechen nicht gegen die Atomtheorie. Gebrochene Zahlen von Sauerstoffgehalten in Verbindungen ließen sich durch Multipla umgehen. Nur in der „Theorie der Volumteile" und ihrer atomistischen Interpretation war Dalton unentschlossen und wollte noch die weitere Entwicklung auf diesem Gebiet abwarten. Dabei war der entscheidende Schritt schon erfolgt, den Amedeo Avogadro vollzogen hatte, indem er seine Molekulartheorie schuf. Doch weder Dalton noch Berzelius nahmen von dieser Arbeit Notiz wie nahezu alle Naturforscher. Berzelius' Auseinandersetzung mit der Atomtheorie ging weiter, und die 1816 ausgeführte Analyse der Phosphorsäure und der Phosphate lieferte solch große Probleme in der Interpretation der Zusammensetzung der Salze, daß eine Revision seiner bisherigen Anschauungen notwendig war.

Ein zunächst angenommener Sauerstoffgehalt des Phosphors ließ sich experimentell nicht belegen. Das Verhältnis der Atome zueinander ließ sich aber mit Daltons Anschauungen vereinbaren, deshalb benutzte Berzelius die Atomtheorie als Erklärung der chemischen Proportionen, die er in seinem Buch geschlossen darstellte.

Die Skepsis den wissenschaftlichen Hypothesen gegenüber kommt in seiner Vorbemerkung zu diesem Buch zum Ausdruck:

Es ist mit den Hypothesen im Reiche der Wissenschaften wie mit den Gerüchten in der Politik; man würde aber unrecht tun, wenn man ihnen vor ihrer vollen Bestätigung Glauben beimessen wollte. [A 12, S. III]

Seine Ausführungen „über die chemischen Verhältnisse" jedoch seien keine Hypothese:

denn ich überschreite hierbei den Kreis der Erfahrung nicht, und die Gesetze, welche ich festzustellen gesucht habe, sind nur das allgemeine Resultat gereifter Erfahrungen. [A 12, S. IV].

Damit legt er seinen wissenschaftlichen Stil dar. Berzelius war nicht der Meister der kühnen Hypothese, sondern der bedachte Systematiker von außerordentlicher Akribie und bedächtigem Vorgehen in der Aneignung neuer theoretischer Konzepte. Das beste Beispiel dafür ist seine „Theorie der chemischen Proportionen". Die Einleitung des Buches bringt in knapper Form die Grundzüge des Inhaltes. Davon sei nur die Stelle zur Atomtheorie als logische Weiterentwicklung seiner theoretischen Arbeiten zitiert:

Die neue Erklärung des Verbrennens [d. h. Lavoisiers Oxydationstheorie – L. D.] hat natürlicherweise Vermutungen über die Art und Weise, wie die Körper elektrisch sind, Versuche, sich das Wesen eines elektropositiven und elektronegativen Körpers vorzustellen, dann eine Untersuchung des Einflusses der elektrischen Phänomene auf die chemischen Erscheinungen, – dieses alles aber endlich die Verbindung der Korpuskular-Theorie mit der elektrischen Hypothese – herbeigeführt. Ich habe gezeigt, daß durch die Verbindung beider Hypothesen nicht allein die Phänomene der bestimmten Verhältnisse erklärlich werden, sondern daß auch Berthollets Beobachtungen, welche die Wirkung der chemischen Masse hervorbringt, den Gesetzen der bestimmten Verhältnisse nicht widersprechen, vielmehr aus ihnen ebenfalls abgeleitet werden können. [A 12, S. V].

Das Buch setzt mit der Darstellung der geschichtlichen Entwicklung des Gegenstandes in aller Breite ein, wobei die Leistungen von Wenzel, Richter und Bergman besonders gewürdigt werden, was ein Verdienst des Autors ist. Natürlich finden auch die Zeitgenossen Berthollet, Proust, Higgins, Dalton, Wollaston, Gay-

Lussac und Davy ausgiebig Erwähnung. Die sich anschließende Auseinandersetzung mit theoretischen Auffassungen umschließt auch den Dynamismus neben der Atomtheorie.

Dabei streut Berzelius schon systematische Betrachtungen zum Aufbau der Verbindungen ein. Obwohl er den Begriff des Moleküls im gleichen Sinne wie das Atom, ein Partikel oder ein chemisches Äquivalent erwähnt, kann sich Berzelius nicht zur getrennten Benutzung der Bezeichnungen Atom und Molekül durchringen, sondern bleibt einzig und allein beim Begriff Atom. Die zusammengesetzten Atome (= Moleküle) unterteilt er in drei verschiedene Ordnungen je nach der Art der Zusammensetzung. Die Anzahl der Atome pro Molekül läßt Berzelius jetzt im Gegensatz zu früheren Publikationen sowohl für organische als auch anorganische Verbindungen offen. Dann behandelt Berzelius die chemischen Proportionen in der anorganischen Chemie, wobei er mit dem Gesetz der Konstanten und multiplen Proportionen beginnt und dann seine Systematik für verschiedene Fälle unter dem Aspekt der elektrochemischen Theorie darstellt.

Dem folgt die Darstellung der „chemischen Proportionen in der organischen Natur", die wesentlich vielfältiger sind. Berzelius nennt die wichtigsten Elemente der organischen Verbindungen: Sauerstoff, Wasserstoff, Kohlenstoff, Stickstoff. Die nähere Einsicht in die Bindungen der Elemente blieben ihm natürlich in seiner Zeit ohne Strukturtheorie verschlossen.

Die Ursachen, weshalb wenige Elemente den Grundstoff für organische Körper abgeben können, andere hingegen schlechterdings nicht, sind uns unbekannt und werden es vielleicht für immer bleiben. [A 12, S. 44].

Bereits 1811 hatte Berzelius das Gesetz der multiplen Proportionen auch auf organische Verbindungen angewandt und auch hier für gültig erkannt.

Berzelius hatte noch keine Vorstellungen darüber, weshalb kleine Änderungen im Prozentgehalt an Kohlenstoff, Wasserstoff und Sauerstoff solch große Auswirkungen auf die Eigenschaften organischer Verbindungen haben. Gerade die organischen Verbindungen schienen ein zusätzliches Geheimnis in ihrer Zusammensetzung wie ihrer Bildung zu haben. Berzelius war, ohne es an dieser Stelle zu äußern, ein Vertreter vitalistischer Auffassungen, doch allen Neuerungen in den Anschauungen über organische Stoffe aufgeschlossen gegenüber. Nur bei Verbindungen zwischen organischen und anorganischen Stoffen, z. B. bei den Metallsalzen organischer Säuren, schienen die multiplen Proportionen eingehalten.

Im folgenden Kapitel über die „Volumentheorie" stellt Berzelius aber gerade die Atomtheorie Daltons heraus und lobt ihre Vorzüge gegenüber der Volumentheorie, die sich nur auf Gase beschränkt, doch zur Erklärung der Gasreaktionen noch gute Dienste leistet. Berzelius mußte diese Auffassung vorbringen, da ihm die Arbeiten Avogadros unbekannt waren.

Im 3. Kapitel entwickelt Berzelius seine elektrochemische Theorie in aller Breite aus der Oxydationstheorie Lavoisiers, nachdem er diese mit ihren historischen Wurzeln zunächst darstellt. Er zeigt, daß die Oxydation nicht nur eine Reaktion mit Sauerstoff, sondern generell die Reaktion der Metalle mit anderen Stoffen ist. Aus der Entwicklung von Feuer oder Wärme beim Verbrennen und den Erscheinungen bei elektrischen Entladungen schließt Berzelius auf eine Analogie der beiden Vorgänge.

Er beruft sich zum einen auf Volta, demzufolge die Metalle bei der Berührung elektrisch aufgeladen werden, und zum anderen auf Davy, der diese Aufladung als der „gegenseitigen Verwandtschaft" proportional ansieht, eine positive Temperaturabhängigkeit dafür findet und ein Verschwinden der Aufladung nach der Reaktion bemerkt.

Berzelius leitet aus diesen Befunden nun seine elektrochemische Theorie ab, die ebenso dualistisch aufgebaut ist wie die Theorie der Elektrizität mit den gegenläufigen positiven und negativen elektrischen Ladungen, mit der Berzelius schon als junger Student vertraut war.

Die Anwendung eines dualistischen Systems in der Theorie chemischer Bindungen war mehr als gerechtfertigt, gab es doch mit den Säuren und Basen ebenfalls schon ein dualistisches Prinzip der chemischen Verbindungen. Auch hier können sich die beiden Arten einer chemischen Qualität neutralisieren. Dabei tritt eine Wärmeentwicklung ein, die bei der Oxydation sogar noch mit einer Feuererscheinung verbunden ist. Berzelius übernahm aus der Lavoisierschen Theorie aber auch eine unitarische Auffassung in seine dualistische Theorie – den Sauerstoff als elektronegativstes Element. Mit einem solchen Bezugspunkt ließe sich die Theorie der Affinität natürlich auch ohne elektropositive und elektronegative Stoffe aufbauen, doch in derartigen Gedankengängen konnte

Berzelius gar nicht wandeln, denn mit der elektrochemischen Umsetzung an der positiv geladenen Anode bzw. negativ geladenen Kathode war die elektrische Ladung der Stoffe scheinbar bewiesen.

Noch war der Weg bis zur Erklärung einer Ionenbindung und der homöopolaren Bindung weit. Ausgehend von der These, „daß bei jeder chemischen Verbindung eine Neutralisierung entgegengesetzter Elektrizitäten vor sich geht, und daß bei dieser Neutralisierung das Feuer ganz auf dieselbe Weise entsteht, wie es bei Entladung der elektrischen Flasche, der elektrischen Säule und der Gewitterwolke hervorgebracht wird", [A 12, S. 79] mußte sich an Hand der Wirkungen in einer chemischen Reaktion der elektropositive oder elektronegative Charakter eines Elementes zeigen. Das ließ sich nicht immer eindeutig angeben, und so konnte Berzelius nur eine „ungefähre Ordnung" der 49 bis dahin bekannten Elemente angeben, doch ist er von der Richtigkeit seines Konzeptes vollkommen überzeugt:

Wenn man die Körper nach ihren elektrischen Eigenschaften zusammenstellt, so entsteht daraus ein elektrochemisches Element, was meines Erachtens besser als jedes andere dazu geeignet ist, eine deutliche Ansicht von der Chemie zu geben. [A 12, S. 81].

Das angeführte elektrochemische System entspricht in der Reihenfolge der Darstellung auf Seite 73 für die Elementsymbole. Berzelius hat dieses System weiter verbessert und die neu entdeckten Elemente aufgenommen. Die letzte Zusammenstellung von seiner Hand sei deshalb hier noch aus dem „Lehrbuch der Chemie" (5. Auflage, Bd. 1, S. 118[2]):) angeführt

— E Sauerstoff	Chrom
Schwefel	Vanadin
Selen	Molybdän
Stickstoff	Wolfram
Fluor	Bor
Chlor	Kohlenstoff
Brom	Antimon
Jod	Tellur
Phosphor	Tantal
Arsenik	Titan

---

[2]) Die Schreibweise der Elemente entspricht dem Original und nicht der heute gültigen.

Kiesel [= Silicium]   Zink
Wasserstoff   Mangan
Gold   Uran
Osmium   Cerium
Iridum   Thorium
Platin   Zirkonium
Rhodium   **Aluminium**
Palladium   Didymium
Quecksilber   Lanthan
Silber   Yttrium
Kupfer   Beryllium
Wismut   Magnesium
Zinn   Calcium
Blei   Strontium
Cadmium   Barium
Kobalt   Lithium
Nickel   Natrium
Eisen   + E Kalium

Berzelius hat als Grenze zwischen den elektronegativen und elektropositiven Elementen den Wasserstoff gesetzt. Achtzig Jahre später war es wieder der Wasserstoff, dessen Gleichgewichtspotential in 1 n Säurelösung unter 1 atm Druck als Nullpunkt der Standardelektrodenpotentiale von Walther Nernst festgelegt wurde. Dieser sich anbietende Vergleich läßt noch einen zweiten zu: Berzelius' elektrochemisches System und die Voltasche Spannungsreihe. Beide haben ihre Wurzel in den Verwandtschaftstabellen, die auf Etienne François Geoffroy d. Ä. und in verbesserter Form auf Torbern Bergman zurückgehen. Zwischen den Aufstellungen von Berzelius und Volta gibt es keine Übereinstimmung. Während das Gleichgewicht der Ionen an Elektroden als Ausdruck des Redoxverhaltens der Elemente für Volta und nachfolgende Elektrochemikergenerationen bei der Aufstellung der Spannungsreihe die grundlegende Größe war, stellte für Berzelius das Verhalten der Elemente in chemischen Reaktionen das ordnende Prinzip dar, und die Freisetzung an der Anode bzw. Kathode galt als Indiz für das elektrisch positve oder elektrisch negative Verhalten. Daher kommen in der Aufstellung von Berzelius aus dem Jahre 1843 die chemischen Analogien zwischen den Elementen deutlich zum Ausdruck, und die Zusammenstellung einiger Haupt- u. Nebengruppenelemente ist darin schon vorhanden, wie die der Chalkogene, der Halogene, der Erdalkali- und Alkalimetalle sowie der achten Nebengruppe.

Doch zurück zu Berzelius' Darstellung der elektrochemischen Theorie. Für ihn ist die Elektrizität „die letzte Triebfeder aller Wirksamkeit in der ganzen uns umgebenden Natur".

So muß sie auch bei organischen Verbindungen gelten, selbst wenn es da einer Modifizierung bedarf. Die organischen Stoffe sind nach Berzelius eine Stütze der Auffassung Berthollets, wonach innerhalb eines Maximums und eines Minimums der Verhältniszahlen unendlich viele Verbindungen der Elemente möglich sind. Berzelius aber versucht zu belegen, daß die Bertholletsche Auffassung „mit der allgemeinen Annahme der bestimmten Proportionen" übereinstimmt. Gerade die Anwendung der Atomtheorie klärt die spezifische und „verwickelte Konstruktion der zusammengesetzten Atome". Berzelius trennt sehr deutlich von dieser Darstellung organischer Verbindungen die Unhaltbarkeit der Vorstellungen Berthollets in bezug auf einfache anorganische Verbindungen ab, was für die weitere klärende Diskussion der Atomtheorie und der Grenzen der Bertholletschen nichtstöchometrischen Verbindungen durch die Chemiker sehr wichtig war.

Im vierten Kapitel stellt Berzelius die „Methode, die relative Zahl der Atome in den chemischen Verbindungen zu berechnen und die qualitative und quantitative Zusammensetzung derselben durch Zeichen auszudrücken", vor. Der erste Satz dieses Kapitels ist die grundlegende Feststellung: „Wenn wir die chemischen Proportionen auszudrücken versuchen, so bedürfen wir dazu chemischer Zeichen." Dieser erläutert er in den bereits genannten Grundzügen und erörtert „die verschiedenen Arten, bei den Oxiden die relative Anzahl der Atome des Radikals und Sauerstoffs zu bestimmen." Die Ergebnisse werden nun auf den nächsten dreißig Seiten des Buches für jedes Element ausführlich abgehandelt.

In den abschließenden Bemerkungen werden die angewandte Nomenklatur und die Benutzung der Atomgewichtstabelle erläutert, die oft getrennt gebunden und verkauft wurde und sich deshalb in den schon recht seltenen Exemplaren des Werkes nicht befindet.

Die 105 Seiten des Tafelwerkes geben einen Eindruck von der gigantischen Arbeit der Bestimmung der Atommassen durch Berzelius. Mit sehr einfachen Mitteln und einer „wenig" tauglichen Waage bestimmte er eigenhändig dieses Zahlenwerk. Als Wilhelm Ostwald 65 Jahre später den Berzelius-Nachlaß besichtigte, schrieb er darüber:

Mit besonderer Andacht besah ich Berzelius' Waage, mit der er so einzig genaue Bestimmungen gemacht hatte, und fand zu meinem Erstaunen ein sehr primitives Ding, das man schon damals kaum einem Anfänger hätte zumuten dürfen. Mir wurde unvergeßlich klar, wie wenig es auf das Gerät ankommt und wie viel auf den Mann, der daran sitzt. [38, S. 75].

Welche ein Mann an der Waage saß, ist schon aus dem Geschilderten ersichtlich geworden. Doch Berzelius saß nicht nur an der Waage, er trat auch immer weiter ins öffentliche Leben und in den internationalen Verkehr mit berühmten Gelehrten. Seine erste höhere Stellung im wissenschaftlichen Leben aber war das schon erwähnte Amt des Akademiepräsidenten 1810. Bald zog Berzelius' Wirken größere Kreise.

Der Weg zum Ruhm

Die Publikationen hatten Berzelius' Ansehen in der internationalen Gelehrtenwelt um 1810 und 1811 beträchtlich gehoben. Davon profitierte er im Inland, so z. B. 1811 mit der Berufung in das Collegium medicum. Auch im Ausland galt er schon zu dieser Zeit in der Fachwelt als außerordentlicher Naturforscher.

Berzelius' Wunsch war es, seinen brieflichen Gedankenaustausch, der inzwischen viele bedeutende Gelehrte in verschiedenen europäischen Staaten umfaßte, auf ein persönliches Kennenlernen auszudehnen. Die Möglichkeit, die eigenen Ansichten und Ergebnisse mündlich vortragen und diskutieren zu können sowie die

15 Berzelius auf dem Höhepunkt seiner Laufbahn. Ölgemälde von Johan Gustav Sandberg (aus [B 12]).

Arbeitsmöglichkeiten der Kollegen kritisch studieren zu dürfen, wollte Berzelius als Anregung seiner eigenen Arbeit nutzen. Einen Auslandsaufenthalt als Statussymbol aufweisen zu können, war weniger seine Absicht. Es interessierte ihn besonders, seinen geschätzten Kollegen Berthollet und weitere Chemiker und Physiker in Frankreich kennenzulernen, nachdem sie schon einen regen Briefwechsel führten. Doch der Frankreichreise standen mehrere Hindernisse im Wege. Zunächst fehlte es an Reisegeld und Urlaub, durch königliche Ordre wurde ihm 1812 beides gewährt. Aber Schweden stand mit Dänemark, das mit Frankreich verbündet war, im Krieg. Berthollet als einflußreicher Wissenschaftler hatte in Frankreich Sondergenehmigungen für Berzelius erwirkt, aber die Politiker im eigenen Land legten auf einen Besuch eines schwedischen Wissenschaftlers im feindlichen Land keinen Wert. Berzelius erbat sich beim Kronprinzen in Örebro eine Audienz, um ihn für die ersehnte Frankreichreise gewogen zu machen. Doch der gab ihm deutlich zu verstehen, daß seine Reise nach Frankreich unerwünscht sei. Zwar stellte er Berzelius die Wahl zwischen Frankreich und dem Ersatzreiseland England frei, aber als verständiger Untertan reiste Berzelius noch am gleichen Tag nach England ab, wo er nach stürmischer Seereise am 29. Juni 1812 in Harwich ankam.

Sein großer Wunsch war ein Zusammentreffen mit dem brillantesten der Naturforscher Englands, Humphry Davy. [39] In dessen Auffassungen über grundlegende elektrochemische Vorgänge sah Berzelius die Basis seiner theoretischen Arbeiten. Ein Gedankenaustausch mit ihm über offene Probleme der Chemie, zu denen die Zusammensetzung der Ammoniums, der Sauerstoffgehalt in Chlorsäuren u. a. gehörten, konnte neue Denkanstöße geben.

In Davy und Berzelius waren zwei unterschiedliche Wissenschaftlercharaktere vertreten, nach der Ostwaldschen Einteilung Romantiker (Davy) und Klassiker (Berzelius), doch sind beide solch ausgeprägte Persönlichkeiten, daß sie sich nicht in ein Schema pressen lassen.

Davy war der Mann der kühnen Ideen und unkonventionellen Denkweise. Er war ein beeindruckender Redner und ein ungeduldiger Experimentator. Schnell zu gesellschaftlicher Anerkennung gelangt, war er souverän in seinem öffentlichen Auftreten und angesehen bei den einflußreichen Honoratioren in der Wissenschaft und Politik Englands. Ganz anders Berzelius. Obwohl er es äußerlich nie zu erkennen gab, lastete seine bittere Kindheit und Jugend doch auf ihm. Reich an Erfahrungen mit Zurücksetzungen und anderen verletzenden Behandlungen, war er im Umgang mit nicht vertrauten Personen vorsichtig und vielleicht auch ein bißchen ungeschickt. Obwohl er in solchen Fällen wenig selbstsicher wirkte, war er durchaus von sich überzeugt, ohne in einem solchen Maße eitel zu sein wie Davy. Berzelius war der Mann der vorsichtigen Schlußfolgerungen und des abwägenden Schließens auf neue Gesetzmäßigkeiten. Er war der experimentelle Wissenschaftler mit außerordentlicher Akribie. Sein geradezu enzyklopädisches Wissen in der Chemie und sein Blick für Wesentliches machten ihm zum größten Systematiker, den die Chemie je kannte.

Nun trafen diese beiden wissenschaftlichen Antipoden zusammen. Berzelius mußte sich mehrfach anmelden, um vorgelassen zu werden. Im Schlucken solcher Herabsetzungen hatte er Routine, die ihm beim ersten Empfang noch von Nutzen war, denn er fand in einer Rumpelkammer der Royal Institution statt. Davy hatte offensichtlich den Wunsch, seinem Gesprächspartner die große Distanz zwischen ihnen deutlich vor Augen zu führen. Mit seinem Wissen und treffsicheren Bemerkungen in der ersten Diskussion holte Berzelius ihn vom hohen Roß. So kam eine ausgiebige und befruchtende Diskussion doch noch zustande. Über Davy erhielt Berzelius Zugang zur Royal Society. Auf dessen Empfehlung lernte er bei einem Mittagsmahl der Vertreter dieser gelehrten Gesellschaft in der Sternwarte Greenwich die Sterne erster Größte am Gelehrtenhimmel Englands kennen: Sir Joseph Banks, den souveränen Präsidenten, Sir William Herschel, den betagten Astronomen, James Watt, den großen Erfinder und die nicht minder bedeutenden William Hyde Wollaston, Smithson Tennant und Thomas Young.

Eine weitere Bekanntschaft wurde ihm sehr wichtig: Mit Alexandre Marcet, dem Schweizer Naturforscher in London, verband ihn bald eine Freundschaft. Marcet wirkte an Guys Hospital, wo er eine ausgezeichnete chemische Experimentalvorlesung hielt.

In dessen Laboratorium arbeiteten beide gemeinsam über Schwefelkohlenstoff und fanden dabei das Trichlormethylsulfonsäurechlorid. Marcet regte auch die Publikation von mehreren schwedischen Schriften von Berzelius in England an. Ein reger Briefwechsel belegt das freundschaftlich-kollegiale Verhältnis der beiden Gelehrten. Berzelius bereiste Teile Englands und war auch Gast von wohlhabenden Wissenschaftlern und einflußreichen Leuten auf deren Landsitz. Der geplante einjährige Aufenthalt konnte in der gewünschten Dauer nicht ausgeführt werden. Der Kronprinz beorderte Berzelius im Oktober 1812 nach Schweden zurück, da er dem Erbprinzen Chemieunterricht erteilen sollte. Trotz dieser Einschränkung kehrte Berzelius sehr zufrieden nach Hause, hatte ihm doch die Englandreise neue Anregungen, beflügelnde Eindrücke und internationales Ansehen gebracht. Ein weiterer Umstand war für den Experimentator Berzelius bei seiner Rückkehr sehr wichtig:

Ich war mit einer Menge von Instrumenten, die mir früher fehlten, versehen, welche mich in Stand setzten, Versuche anzustellen, an deren Ausführung ich früher nicht hatte denken können und für welche ungefähr 250 £ aufgewendet waren. [B 3, S. 62].

Die Englandreise blieb nicht ohne bitteren Nachgeschmack. Davy hatte ein Exemplar seines Werkes „Elements of Chemical Philosophy" (1812) Berzelius überreicht. Die Hinweise auf Fehler in diesem Buch, die Berzelius Young und Wollaston mitteilte, wurden Davy hinterbracht, der daraufhin den Briefwechsel mit Berzelius abbrach. Vielleicht sah Davy zu Recht in der Handlungsweise Berzelius' eine kleine Revanche für erfahrene Unbill.
Nach seiner Rückkehr wurde Berzelius Mitglied der neugegründeten landwirtschaftlichen Akademie, was ihm wieder ein zusätzliches Einkommen einbrachte. Gleichzeitig wurde im Laboratorium seine Aufmerksamkeit auf die Minerale gelenkt. Altmeister Gahn schlug ihm bald die gemeinsame Analyse von Mineralen aus der Gegend um Falun vor, und im Sommer der Jahre 1814 und 1815 wurde der Plan ausgeführt. Der über siebzigjährige Gahn unterwies Berzelius in der Kunst, das Lötrohr zu blasen, was eine alte schwedische Tradition war.[3]) Cronstedt führte diese trockene Analysenmethode von Gesteinen ein, und sein Schüler Bergman brachte es zu einigem Geschick darin, um seine Kenntnisse seinem Adepten Gahn zu vermitteln. Der hatte wiederum

---

[3]) Über die Vorläufer in der Entwicklung der Lötrohrprobierkunde, Erasmus Bartholin und Johann Andreas Cramer, sowie die geschichtliche Entwicklung dieses Gebietes vgl. die Einleitung zu: C. F. Plattner: Probierkunst mit dem Lötrohre. 8. Aufl. (Bearb. F. Kolbeck) Leipzig 1927.

einen bekannten Schüler. Somit gehörte Berzelius zur vierten Generation jener Mineralogen und Chemiker, die die Lötrohrprobierkunde ausgiebig betrieb. 1820 stellte Berzelius sein Wissen in dem Buch „Von der Anwendung der Lötröhre in der Chemie" [A 14] zusammen.

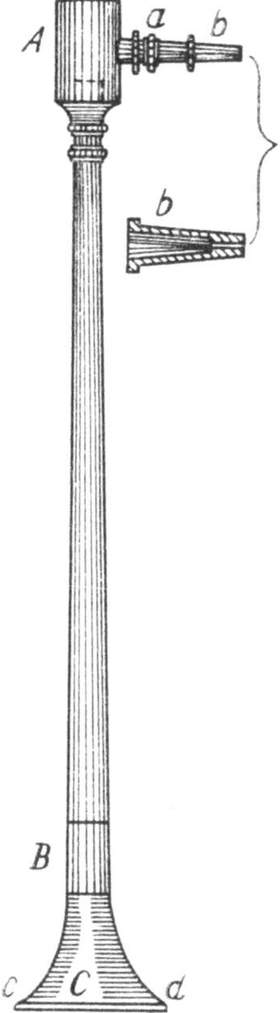

16 Lötrohr nach Berzelius, das in dieser Form bis ins 20. Jahrhundert in Gebrauch war.

1817 erhielt Berzelius den Ruf auf das Ordinariat für Chemie der Universität Berlin als Nachfolger Klaproths:

... da ich aber in meinem eigenen Vaterlande ein leidliches und sorgenfreies Auskommen zu danken hatte, mit der vollen Freiheit, der Wissenschaft, der ich gehörte, mich zu widmen, schlug ich das ehrenvolle Anerbieten mit Dank aus. [B 3, S. 69].

Soweit Berzelius' Version, doch eine nähere Betrachtung des Zustandes der Chemie in Deutschland und der sieben Jahre alten Berliner Universität legt den Schluß nahe, daß ihm das Amt wissenschaftlich zu unbedeutend war. Zwei Jahre später schlug er Eilhard Mitscherlich dafür vor, und dieser mußte sich nach Vorgabe des Ministers Stein zum Altenstein die modernen Kenntnisse der Chemie in Paris und in Stockholm bei Berzelius durch Studienaufenthalte einholen.

Das Jahr 1817 brachte nicht nur eine Berufung, sondern auch eine enorme Arbeitslast. Berzelius arbeitete an der Neuauflage des ersten Bandes seines „Lehrbuches der Chemie" und an der Fortführung des Buches. Außerdem war er mit neuen Amtspflichten belastet, denn er gehörte dem Komitee für die Königliche Münze an. Zudem arbeitete er intensiv im Laboratorium. Hier hatte er zum ersten Mal das Selen isoliert und sein Schüler Arfwedson gleichzeitig das Lithium. Doch die Arbeitslast forderte ihren Tribut.

Im Frühjahr 1818 hatte Berzelius einen körperlichen Zusammenbruch und lebte im Zustand geistiger Erschöpfung dahin. Eine neue Krankheit hatte den schon kränklichen Berzelius niedergeworfen. Seit seiner Jugend litt er an Gichtanfällen und später auch an heftiger Migräne. Sein Freundeskreis war besorgt und riet zu einem längeren Auslandsaufenthalt, um die geistigen Kräfte wiedererlangen zu können. Der Kronprinz setzte 2 000 Taler Reisegeld aus,

damit der Gesuchsteller sich vollständig über das Kochen des Salpeters, Reinigen und Verwenden desselben zur Pulverbereitung informieren könne, welche Information, eingeholt von einer Person mit so ausgezeichnet gründlichen Einsichten in Chemie, wie sie Professor Berzelius eigen, für die Einführung dieser Fabrikation in Schweden von wesentlichem Nutzen sein würde.

Doch die Aufgabe zum Nutzen der militärischen Anwendung in Schweden war nicht der einzige Grund, weshalb er diesmal nach Frankreich reisen durfte. Es gab in Europa keinen Krieg.
Über England, wo er nur wenige der Bekannten seiner ersten Reise wiedersah, begab er sich mit dem zukünftigen schwedischen Gesandten in Paris, Graf Löwenhjelm, nach Frankreich.
Jetzt endlich konnte er mit Berthollet persönlich zusammentreffen. Der wiederum verschaffte ihm die Bekanntschaft solch großer

Männer wie Laplace, Cuvier, Gay-Lussac, Thénard, Chaptal, Dulong, Chevreul, Arago, Biot, Vauquelin, Ampère, Laugier und Alexander von Humboldt, der das geistige Zentrum Europas, Paris, dem militant-stupiden Berlin vorzog. Durch einen solchen Umgang wurde dem Wissenschaftler Berzelius Paris ein Fest fürs Leben. Hier in Paris war ein geistiger Austausch ungeahnter Weite möglich. Die französischen Kollegen waren sehr entgegenkommend (schließlich war er ein anderer als Davy, der 6 Jahre zuvor in seiner eitlen Art viel Prozellan in Paris zerschlagen hatte). Berzelius hörte zahlreiche Chemievorlesungen von Gay-Lussac, Vauquelin, Thénard, Hauy, Biot und Brongniart, saß als korrespondierendes Mitglied in den Sitzungen der berühmten Pariser Akademie, streifte durch Stätten geologischer Forschung in und um Paris und besuchte die Privat-Mineraliensammlung des Königs.
Er war nicht nur Nehmender, sondern auch Gebender. Er trug über seine elektrochemische Theorie vor, überwachte die Übersetzungen seiner „Theorie der chemischen Proportionen" und des „Neuen Systems der Mineralogie" ins Französische und brachte den Mineralogen Cordier, Brongniart, Brochant und Beudant das Lötrohrblasen bei. Natürlich besichtigte er wie befohlen die Pulverfabrik in Essone, schrieb darüber einen „Reise"-bericht und legte ihn wie gefordert der Regierung seines Heimatlandes vor.
Fast ein Jahr (von August 1818 bis Juni 1819) lebte Berzelius in Paris, dazu fast kostenlos als Gast des schwedischen Gesandten Graf Löwenhjelm. Nun hatte er noch Geld übrig, obwohl er zwölf Kisten mit Instrumenten und Materialien für sein Laboratorium nach Stockholm geschickt hatte, womit er „fortan sein Laboratorium für ebenso gut ausgestattet wie das irgendeines anderen europäischen Gelehrten ansehen" konnte.
Sein restliches Geld nutzte er für eine Reise über die Schweiz und Deutschland in sein Heimatland. Auch hierbei gab es viele interessante wissenschaftliche Begegnungen. In Genf traf Berzelius nicht nur seinen Freund Marcet, sondern auch die anderen wissenschaftlichen Größen wie Théodore de Saussure, Charles Gaspard de la Rive, Marc Auguste Pictet, Pierre Prevost, Louis Jurine und Jacques Jean Peschier. Dann folgte eine Besichtigung der Naturschönheiten der Schweiz. Über Vervey, Lausanne, Bern, Zürich und Schaffhausen kam er nach Tübingen, wo sein Schüler Christian Gottlob Gmelin wirkte. Über Karlsruhe und Stuttgart

ging es nach Nürnberg und Erlangen, wo der Professor der Chemie und Herausgeber Johann Salomo Christoph Schweigger tätig war. Das nächste Ziel war Freiberg, um hier die Bergwerke und die Wernersche Mineraliensammlung zu besichtigen. Dabei machte er die Bekanntschaft des Mineralogen Friedrich Mohs, des Chemikers Wilhelm August Lampadius und des Geologen Friedrich August Breithaupt sowie des zu Besuch in Freiberg weilenden Kieler Chemikers Christian Heinrich Pfaff. Es schloß sich ein einwöchiger Aufenthalt in Dresden an, wo er den ersten Übersetzer seines Lehrbuches, Karl August Blöde, kennenlernte, und ein vierzehntägiger Besuch Berlins. Klaproths Lehrstuhl war noch unbesetzt, und der Minister Stein von Altenstein bedrängte Berzelius, einen seiner Schüler für die Besetzung vorzuschlagen. Man einigte sich auf Mitscherlich, der erst noch Berzelius-Schüler werden sollte.

Am 21. September 1819 kam Berzelius in Ystad an, wo er „die süße Freude empfand(en), den Fuß wieder auf den geliebten heimatlichen Boden zu setzen".

Seine Arbeitskraft war wieder hergestellt, der Schatz der Erfahrung erweitert und die Laboratoriumsausrüstung wesentlich verbessert. In Stockholm erlebte er eine Überraschung. Während seines Auslandsaufenthaltes war er zum Sekretär der Akademie der Wissenschaften gewählt worden. Um keine Mißverständnisse aufkommen zu lassen, sei betont, daß das kein Amt war, welches man jemanden besser in dessen Abwesenheit überließ. Das Amt des Sekretärs war eine wissenschaftliche Ehrung, die eine materielle Versorgung des Gelehrten einschloß, denn er erhielt nun im Gebäude der Akademie eine Wohnung und ein Laboratorium sowie doppeltes Gehalt.

Berzelius konnte zufrieden feststellen, daß er nun „einer der glücklicheren unter den Menschen" war. Zudem lagen jetzt wissenschaftliche Unternehmungen der Akademie in seiner Hand. Anfangs war er auch als Bibliothekar für die Akademie verantwortlich. Und nicht zuletzt konnte er in seinem Amt die Arbeit der Akademie effektiver gestalten. Außerdem herrschte jetzt in seinem Laboratorium reger Betrieb, wo sich auch Schüler aus Deutschland abwechselten. Weiterhin mußte er dem jungen Kronprinzen Chemie beibringen, aber das war seiner eigenen Aussage nach nicht die Ursache für zunehmende Kopfschmerzen, die ihn

1822 zu einer Kur in Karlsbad zwangen. Berzelius nutzte auch diese Kur zu wissenschaftlichen Untersuchungen. Er analysierte die Heilwässer, bereiste die Gegend und traf dabei auch Johann Wolfgang von Goethe. Der 70jährige Weimarische Staatsminister war weniger an literarischen als an naturwissenschaftlichen Diskussionen und Arbeiten interessiert. Berzelius war stolz, einem solch berühmten Mann seine profunden Kenntnisse vorführen zu können. Goethe wiederum nutzte die seltene Gelegenheit, um sich einige seiner Mineralien vom berühmtesten Analytiker unter den Chemikern seiner Zeit untersuchen zu lassen. Berzelius mußte noch bis zur Abreise Lötrohranalysen ausführen, was er offensichtlich mit Stolz tat. Goethe spornte ihn an, indem er bedauerte, nicht selbst Lötrohr blasen zu können. So war der Nutzen auf beiden Seiten.

Gestärkt kehrte Berzelius über Teplitz, Dresden und Berlin nach Schweden zurück. Die Jahre flossen nun mit der Abwechslung zwischen interessanten experimentellen Arbeiten, weniger interessanten Kommissionssitzungen (z. B. in der für Erziehung) und erholsamen Reisen dahin. So war Berzelius 1828 zur berühmten Naturforscherversammlung in Berlin, der er eine Europareise anschloß, und 1830 in Hamburg, wo er wiederum der Naturforscherversammlung beiwohnte und zum ersten Mal Justus Liebig traf.

Berzelius war auf der Höhe seines Ruhmes angelangt, und er konnte es sich leisten, auch ein Amt niederzulegen! Dazu sah er sich gezwungen, als dem Karolinska Institutet eine volle akademische Ausbildung im Range einer Universität durch das Nationale Erziehungskomitee nicht zugebilligt wurde.

So trat er am 31. Juli 1832 im Alter von 53 Jahren (im gleichen Alter legte auch Wilhelm Ostwald sein Universitätsamt nieder) von seiner Professur zurück. Sein Schüler Carl Gustaf Mosander wurde Nachfolger und entfaltete eine recht produktive Tätigkeit, z. B. beim Entdecken von Elementen. Das 30jährige Wirken am Institut berechtigte Berzelius 1834 mit dem Alter von 55 Jahren zum Bezug einer Pension.

Berzelius' Wirkungsfeld war aber durch seinen Rücktritt nicht eingeschränkt. Er blieb Honorarprofessor ohne Bezüge und wirkte an der Akademie der Wissenschaften weiter. Von den vielen Tätigkeiten, die er noch immer ausübte, war das Verfassen seiner Jahresberichte eine der wichtigsten.

Der wissenschaftliche Schriftsteller

Das Berzelius-Museum in Stockholm beherbergt ein nach Berzelius' Tod angefertigtes Bücherregal, das in sechs Reihen gediegen ausgestattete Leder- und Halblederbände enthält, die das Herz eines jeden Bibliophilen höher schlagen lassen. Aber hier ist nicht die Buchkunst das Wichtige, sondern der Verfasser Berzelius. Paul Walden hat einmal errechnet, daß Berzelius 22 000 (in Worten zweiundzwanzigtausend) Druckseiten verfaßte. Da heute das Abfassen wissenschaftlicher Werke unter Chemikern und vielleicht auch anderen Naturwissenschaftlern als Spleen einzelner Forscher oder unzumutbare Belästigung empfunden wird, sei besonders die Tatsache herausgestrichen, daß Berzelius eine enorme experimentelle *und* schriftstellerische Arbeit vollbrachte.

Berzelius füllte nicht nur Seiten, sondern viele seiner Werke beeinflußten den Gang der wissenschaftlichen Entwicklung. Mehrere Bücher wurden schon z. T. ausführlich erwähnt. Zwei Werke sollen noch folgen, und es ist müßig zu streiten, welches davon das bedeutendere ist. Es sind dies ein „Lehrbuch der Chemie" und sein „Jahresbericht über die Fortschritte der physischen Wissenschaften". Mit letzterem soll begonnen werden.

Die Akademie der Wissenschaften gab ab 1821 jährlich „Arsberättelser öfver Vetenskapernas Framsteg" heraus, was auf Anregung des Sekretärs der Akademie durch den bedeutendsten Chemiker des Landes ausgeführt wurde. Nicht zufällig zeichneten beide mit Jac. Berzelius. Diese enorme Arbeitslast, die sich Berzelius hier selbst aufbürdete, war für seine eigene Arbeit wie für die Entwicklung der Chemie von großem Einfluß. Dieser Jahresbericht erlangte vor allem deshalb Bedeutung, weil er sofort ins Deutsche übersetzt wurde. So erschienen ab 1822 bis 1848 bei Laupp in Tübingen die 27 Jahrgänge vom „Jahresbericht über die Fortschritte der physischen Wissenschaften", dessen ersten drei Jahrgänge Christian Gottlob Gmelin übersetzte. Ab Jahrgang vier war Wöhler der Übersetzer, doch mit dem Jahrgang 16 (1837) sind die Jahresberichte nur noch von ihm herausgegeben, denn er hatte

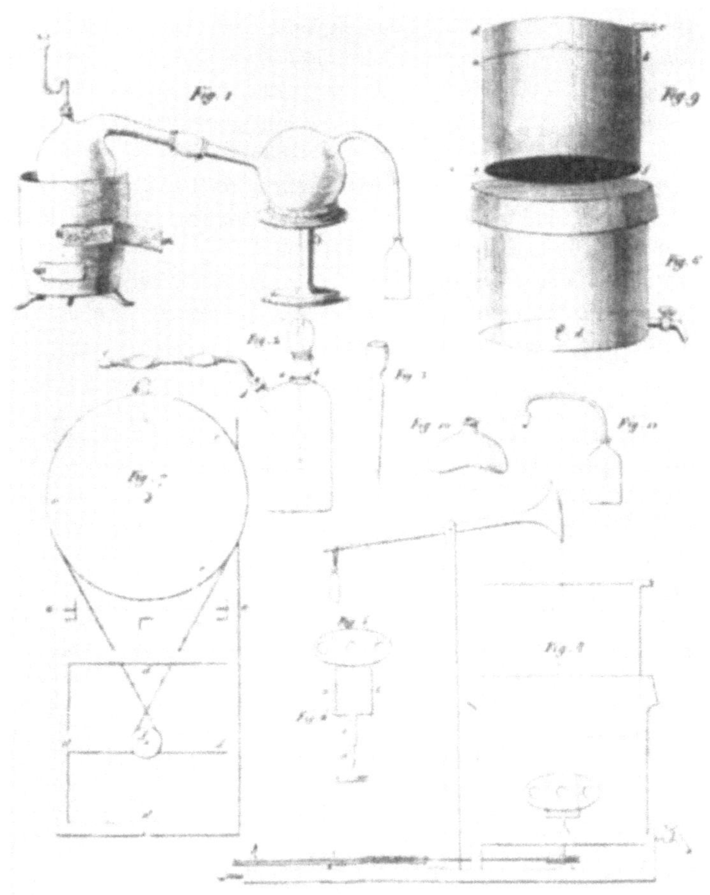

17 In seinem „Lehrbuch der Chemie" legte Berzelius als brillanter Experimentator Wert auf die Experimentierkunst, die er in ausführlichen Abbildungen im letzten Teil des Werkes darstellte. (Aus „Lehrbuch der Chemie" 3. Aufl. Bd. 10, 1841)

seinem Assistenten Heinrich August Ludwig Wiggers die Übersetzung übertragen. Mit dem Jahrgang 21 (1842) wurde der Titel in „Jahresbericht über die Fortschritte der Chemie und Mineralogie" geändert, denn Berzelius beschränkte sich nur noch auf diese beiden Gebiete, nachdem er bis dahin die Physik, die Chemie unorganischer Körper, die Pflanzenchemie, die Tierchemie, Mineralogie und Geologie abgehandelt hatte. Trotz dieser Einschränkung stieg der Umfang der Jahresberichte weiter, und es wurden insgesamt 12 000 Seiten! Zu einem solchen umfangreichen Werk war auch ein Register notwendig, das aller fünf Jahrgänge herauskam und stets das gesamte Werk erschloß. Leider ist es nicht so ausführlich und exakt, um heute damit schnell einen Zugang zu den interessantesten Stellen zu haben. (Mit dem Register findet man z. B. die Definition der Katalyse nie!)

In seiner Nobelpreisrede „Über Katalyse" (1909) hat Ostwald in Huldigung des genius locii im Festsaal der Akademie der Wissenschaften in Stockholm ausgeführt:

Von hier aus hat er [Berzelius – L. D.] jene Jahresberichte über seine Wissenschaft in die Welt gesendet, in denen er als ein unbestechlicher Bewerter alles, was die Forschung seiner Zeit lieferte, an seine rechte Stelle setzte und hierbei dadurch erst seinen Wert und seine Bedeutung zur Geltung brachte. Hier war es, wo er gerade durch rein begriffliche Gedankenarbeit für seine Wissenschaft unvergleichlich viel mehr getan hat als der ursprüngliche Experimentator, der er auch gleichzeitig war, mit all seiner Mühe konnte. Allerdings wäre er schwerlich zu diesem Ansehen und Einfluß seines Urteils gelangt, wenn er nicht vorher in fast allen Gebieten seiner Wissenschaft persönlich nachgesehen hätte, wie die Dinge beschaffen sind, und wenn nicht in seinen Händen die einfachsten Hilfsmittel durch sachgemäße und mannigfaltige Anwendung zu stetig fließenden Quellen neuer Erkenntnis geworden wären. [38, S. 3]

Es sei aber hinzugefügt, was Ostwald in Stockholm nicht herausstreichen konnte. Mit manchem ablehnenden und auch harten Urteil hat Berzelius auch Schaden angerichtet. Das trifft vor allem auf die letzten Jahrgänge zu, wo er z. B. im Jahresbericht 23 (1844) auf zehn Seiten Liebigs Buch „Organische Chemie in ihrer Anwendung auf Physiologie und Pathologie" bespricht und der Rezension den vernichtenden Satz (S. 585) anfügt: „Aber wir wollen von dem Blendwerk der Hypothesen zu Tatsachen übergehen."(!) So war es seinen Zeitgenossen, allen voran Liebig und den ihm sehr ergebenen Schülern, nicht möglich, den Wert dieser Jahresberichte in vollem Umfang zu erkennen. Berzelius war zwar um eine objektive Darstellung in seinen Berichten bemüht („Wenn ich meine Darstellungen im Jahresbericht gebe, habe ich weder Freunde noch Feinde."), doch gelang ihm das später immer weniger, und der deutsche Herausgeber Wöhler war besorgt um den Ärger, der ihm dabei entstand.

Dennoch überwiegt das Verdienst von Berzelius bei weitem. Er hat nicht nur die experimentellen Arbeiten z. B. Faradays (über Benzen), Liebigs und Wöhlers (über das Benzoylradikal) und Bunsens (über Kakodyl) gewürdigt, sondern auch zahlreiche Irrtümer über manche „neue" Elemente und Reaktionen aufgedeckt. Er hat auch in seinen Jahresberichten neue Begriffe in den Sprachgebrauch der Naturwissenschaften eingeführt, weshalb ihn Ostwald als „Meister der chemischen Begriffsbildung" rühmte. Es sind dies die Begriffe Isomerie, Metamerie, Polymerie, Katalyse und Allotropie.

Die Idee von der Existenz isomerer Stoffe stammt von Alexander von Humboldt, der in seinem Buch „Versuch über die gereizte Nerven- und Muskelfaser" 1797 die Ansicht äußerte, daß bei gleicher Zusammensetzung von Stoffen unterschiedliche Eigenschaften auftreten können. Dieser Gedanke wurde jedoch nicht weiter verfolgt. Erst als 1824 durch Wöhler und Liebig gezeigt wurde, daß Knallsäure und Cyansäure die gleiche Zusammensetzung haben, war dieses Problem wieder aktuell.

Berzelius nahm 1829/30 selbst Untersuchungen an einem weiteren isomeren Stoffpaar auf. Er konnte die identische Summenformel von Wein- und von Traubensäure erneut belegen und fügte seiner Veröffentlichung [40] „allgemeine Bemerkungen über solche Körper, die gleiche Zusammensetzung, aber ungleiche Eigenschaften besitzen", an. Interessant sind seine Überlegungen' zur Schaffung des Begriffes Isomerie:

Um mit Leichtigkeit über diese Körper reden zu können, muß man eine allgemeine Benennung für dieselben haben, und diese nimmt man am besten, wie mir scheint, aus dem Griechischen als der gewöhnlichen Wurzel der wissenschaftlichen Terminologie. Ich habe geglaubt, zwischen den Benennungen homosynthetische und isomerische Körper wählen zu müssen ... Die letztere hat in Bezug auf Kürze und Wohlklang den Vorzug, und deshalb glaubte ich sie annehmen zu müssen. [40, S. 326].

Mit diesen Überlegungen hat sich Berzelius in den Jahresberichten Jg. 11 (1832) weiter auseinandergesetzt und dabei noch den Vorschlag unterbreitet, „zur Unterscheidung isomerischer Körper mit analogen chemischen Eigenschaften in der lateinischen Nomenklatur den griechischen Artikel para anzuwenden, in demselben Sinn wie im Wort Paradoxon ..." (S. 47). Bereits im nächsten Jahresbericht kommt Berzelius auf die Notwendigkeit zurück, „den

Begriff vom Worte Isomerie genau zu bestimmen". Denn es hatte
sich gezeigt, daß Substanzen das gleiche Verhältnis ihrer Elemente, aber eine unterschiedliche Molekularmassen aufweisen können.

Um diese Art von Gleichheit in der Zusammensetzung, bei Ungleichheit in
den Eigenschaften, bezeichnen zu können, möchte ich für diese Körper die
Benennung polymerische (von [grch] polys mehrere) vorschlagen. [A 15,
Jg. 12, S. 63].

Das ist die Wurzel für den Begriff einer sehr bedeutenden Stoffklasse, der Polymeren, die heute ein ganzes Teilgebiet der Chemie
beanspruchen.
Berzelius führt an gleicher Stelle noch den Begriff metamer ein,
um Stoffe kennzeichnen zu können, die durch eine Umlagerung
miteinander in Beziehung stehen (von Gleichgewicht war zu dieser Zeit nicht die Rede). 1841 hat Berzelius im 20. Jahrgang (S. 13)
noch den Begriff „Allotropie" geprägt, um damit die Existenz
verschiedener Modifikationen eines Elementes beschreiben zu können.
Diese Namensgebung hat weit weniger Diskussionen entfacht als
die fünf Jahre zuvor eingeführte Bezeichnung „Katalyse". Im
15. Jahrgang der Berichte brachte Berzelius im Kapitel „Pflanzenchemie" eine erste Definition der Katalyse. Wichtig ist, daß er
weniger den Vorgang Katalyse als vielmehr die „katalytische
Kraft" diskutierte, womit er vor allem bei Liebig Anstoß erregte.
Berzelius schreibt:

Es ist also erwiesen, daß viele, sowohl einfache als zusammengesetzte Körper, sowohl in fester als in aufgelöster Form, die Eigenschaft besitzen, auf
zusammengesetzte Körper einen, von der gewöhnlichen chemischen Verwandtschaft ganz verschiedenen Einfluß auszuüben, indem sie dabei in dem Körper
eine Umsetzung der Bestandteile in anderen Verhältnisse bewirken, ohne
daß sie dabei mit ihren Bestandteilen notwendig selbst Teil nehmen, wenn
dies auch mitunter der Fall sein kann.
Es ist dies eine eben sowohl der unorganischen als der organischen Natur
angehörige Kraft zur Herrufung chemischer Tätigkeit, die gewiß mehr, als
man bis jetzt dachte, verbreitet sein dürfte ...
Ich werde sie daher, um mich einer in der Chemie wohlbekannten Ableitung
zu bedienen, die katalytische Kraft der Körper und die Zersetzung durch
dieselbe Katalyse nennen, gleichwie wir mit dem Wort Analyse die Trennung der Bestandteile der Körper, vermöge der gewöhnlichen chemischen
Verwandtschaft, verstehen. Die katalytische Kraft scheint eigentlich darin zu

bestehen, daß Körper durch ihre bloße Gegenwart und nicht durch ihre Verwandtschaft, die bei dieser Temperatur schlummernden Verwandtschaften zu erwecken vermögen ... [A 15, Jg. 15, S. 243].

Die Möglichkeit, daß ein Katalysator durch „bloße Gegenwart" wirken könne, trägt natürlich nicht zur Klärung der Ursachen der Katalyse bei, doch hat Liebig den Ausdruck „Kraft" moniert, da er zu sehr an die gerade überwundene vitalistische Kraft erinnere.
Er setzt dem seine „Mitschwingungshypothese" entgegen und beruft sich in sich in seinen Darlegungen meist auch auf enzymatische Reaktionen. Mit dem Vorwurf des unbrauchbaren Begriffes „Kraft" tut Liebig aber Berzelius unrecht. Sicher hat Berzelius recht lange eine vitalistische Kraft als wahrscheinlich angesehen. Doch die Kraft, die Berzelius hier meint, ist die physikalische „Kraft", denn in der Physik jener Zeit wird Kraft sowohl als Energie wie auch als Spannung betrachtet. Auch Hermann von Helmholtz trug noch 1848 über die „Erhaltung der Kraft" vor. Und in der Elektrochemie sprach man von der Kraft der Voltaschen Säule. In solchen Gedankengängen hat aber Liebig nie gedacht. So konnte mit seinem Modell keine Hypothese von ebenbürtiger Qualität entstehen, und der Hitzkopf Liebig griff lieber zur Feder. Dann aber, behaupteten seine Zeitgenossen, ritt ihn der Teufel.
Die Katalyse mit der Existenz einer Kraft erklären zu wollen, entsprach auch der allgemeinen statischen Denkweise in der Chemie der ersten Hälfte des 19. Jahrhunderts. Erst die Schaffung einer chemischen Kinetik durch Jacobus Henricus van't Hoff und die Herausbildung der physikalischen Chemie lieferten die Grundlage für die weitere Bearbeitung des Feldes. Schließlich war Ostwald derjenige, der mit seiner Katalysedefinition den nächsten großen Anstoß gab, der in katalytischen Großverfahren der Chemie gipfelte.
Mit diesem Blick voraus soll nicht nur die Bedeutung der Jahresberichte erneut unterstrichen werden, sondern auch auf das zweite Hauptwerk, das „Lehrbuch der Chemie", übergeleitet werden.
Als der erste Band 1808 erschien, schenkte außerhalb Schwedens dem Werk kaum jemand Beachtung. Eine deutsche Übersetzung des ersten und des 1812 erschienenen zweiten Bandes wurde von dem völlig unbekannten Johann Georg Ludolph Blumhof aus Echelshausen 1816 ausgeführt. Das Buch wurde in dieser Fassung

von Berzelius moniert und der Verleger Barth in Leipzig angewiesen, die Ausgabe zu makulieren. In seinen „Selbstbiographischen Aufzeichnungen" [B 3, S. 77] ist Berzelius der Meinung, daß der Verleger sich daran gehalten habe. Wie Abb. 11 aber zeigt, erschien der „erste Teil" des Buches als „Elemente der Chemie" doch. Der Übersetzer beruft sich darin auf Berzelius, der ihm die Korrekturen des Buches für die Übersetzung zur Verfügung gestellt habe. Ein Textvergleich des erschienenen ersten Teils mit der zweiten Übersetzung von Blöde, die 1820 in Dresden herauskam, ergibt jedoch keine größeren Abweichungen. Wie bereits im vorhergehenden Kapitel angegeben, weilte Berzelius im Jahre 1819 auf der Rückreise nach Schweden in Dresden, um dem Übersetzer auf die Finger zu schauen und auch noch Korrekturen und Ergänzungen anbringen zu können. Blöde übersetzte zur gleichen Zeit auch den „Versuch über die Theorie der chemischen Proportionen". In einer Nachschrift zum ersten Band, datiert mit November 1820, wird dem Leser bereits mitgeteilt, daß der Übersetzer verstorben sei. So verzögerte sich die Herausgabe des zweiten Bandes, der dann von Carl Palmstedt übersetzt wurde und mit der 2. Auflage des ersten Bandes 1824 erschien. Vom dritten Band ab übernahm Wöhler die Übersetzung, der über diese Last gegenüber Liebig häufig stöhnte, denn die dritte Auflage hatte immerhin einen Umfang von 6 215 Seiten!
Sie erschien von 1833 bis 1841 in zehn Bänden. Die schnell folgende vierte Auflage war nur wenig verändert. Für die fünfte Auflage entschloß sich Berzelius zu einer völligen Umarbeitung, doch die „unter Aufsicht des Herrn Professor Wöhler" von Wiggers übersetzte Ausgabe blieb unvollendet. Überhaupt war das Lehrbuch kommerziell gut verwertbar, was Raubdrucke bezeugen, die 1821–1828 in Reutlingen, 1832–33 in Stuttgart und 1833–43 in Quedlinburg erschienen.
Das Buch galt zu Lebzeiten Berzelius' als Standardwerk der Chemie und vereinte den gesamten Wissensstand dieses Fachgebietes. Es war die letzte umfassende Gesamtdarstellung der Chemie aus der Feder eines Autors, und nur ein wissenschaftlicher Schwerstarbeiter wie Berzelius konnte diese Aufgabe noch bewältigen.
Es ist die Vermutung geäußert worden, daß Berzelius sein Lehrbuch im Aufbau dem „Traité élémentaire de Chimie" Lavoisiers nachgebildet habe. Ein Vergleich mit Girtanners „Anfangsgründen

der antiphlogistischen Chemie" zeigt die strukturelle Ähnlichkeit desselben im Aufbau mit dem „Lehrbuch". Da dieses Buch Berzelius' chemische Anfangslektüre war, ist dessen Einfluß auf seine Darstellungsweise wahrscheinlich. Natürlich hat Girtanner sich das Lavoisiersche Werke zum Vorbild genommen.

Das Buch ist noch heute interessant zu lesen, da es einen kompetenten Einblick in den Wissensstand der damaligen Zeit gibt, doch hindern die Ausleihbestimmungen der großen Bibliotheken eine größere Leserschar an der Lektüre.

Ein Vergleich der einzelnen Ausgaben zeigt eindrucksvoll die Entwicklung der Chemie in den Jahren 1808 (1819) bis 1842. Das läßt sich an vielen Beispielen belegen, wovon hier nur die Aufgabe der Imponderabilien zugunsten der „Dynamide" genannt sei. Interessant sind die Definitionen, die Berzelius gebraucht. In der ersten Auflage findet sich unter dem Titel „Begriff der Chemie" folgende Angabe:

Die Chemie ist die Wissenschaft von der Zusammensetzung der Körper und von ihrem Verhalten gegeneinander ... Die Benennung Chemie ist arabisch. In früherer Zeit hieß sie Alchemie, worunter man jetzt nur die Goldmacherkunst versteht. Al ist der arabische Artikel, und Alchemie bedeutet daher weiter nichts als die Chemie.
Mehrere Wissenschaften, Künste und Handwerke beruhen fast einzig und allein auf der Chemie, und sie ist unter allen Wissenschaften die anwendbarste für das gemeine Leben. [A 11, S. 1].

Diese selbstbewußte Darstellung der Chemie deutet auf ein ebensolches Herangehen des Verfassers an sein Lehrgebiet. Interessant ist auch die Einteilung der Chemie, die Berzelius später aufgab. Er unterscheidet in der ersten Auflage noch sechs Teile:

1. die „philosophische oder theoretische" Chemie
2. die „meterologische" Chemie
3. die „mineralogische" Chemie
4. die „metallurgische" Chemie
5. die „organische" Chemie
6. die „technische" Chemie [A 11, S. 6].

Diese Einteilung ist sehr anwendungsbezogen, und Berzelius hat sie später zugunsten einer Stoffeinteilung verändert. Als letztes Beispiel sei seine Ansicht über die Grundlagen der Chemie zitiert:

Die wissenschaftliche Gestalt, welche die Chemie gegenwärtig hat, gründet sich auf die Erforschung hauptsächlich dreier Verhältnisse, nämlich der Verbrennung, der Mitwirkung der Elektrizität an den chemischen Erscheinungen und der Entdeckung der bestimmten Verhältnisse, nach denen sich die Grundstoffe vereinigen [A 19, 5. Aufl. Bd. 1, S. 4].

Das ist gerade das Arbeitsfeld Berzelius' gewesen, doch 1843 war diese Ansicht schon wegen der aufblühenden Substitutionstheorie nicht mehr ausreichend und zeigt, daß Berzelius seine führende Stellung unter den Chemikern Europas verlor, was oft im Laufe der Geschichte der Wissenschaft bei führenden Wissenschaftlern auftritt.

Aber Berzelius theoretisiert nicht nur in seinem Lehrbuch. Als brillanter Experimentator stellt er auch die handwerkliche Seite vor. Von der dritten Auflage an hat der letzte Band seines Werkes eine Sonderstellung. Er liefert eine Übersicht über „Chemische Operationen und Gerätschaften, Erklärung chemischer Kunstwörter; in alphabetischer Ordnung". So sind dem Werk auch zahlreiche Kupfertafeln mit Abbildungen chemischer Geräte beigegeben, die u. a. Berzelius' Entwicklungen auf diesem Gebiet vorstellen: Berzelius-Lampe (Spiritusbrenner), Glasgeräte wie Filtertrichter und Bechergläser, Kautschukschläuche als Verbindungsstücke, Holzstative, Platingeräte und das Filterpapier. Der handfertige Berzelius wußte immer unter seinen beschränkten Laborverhältnissen um eine Lösung seiner Versuchsbauten. Eine detaillierte Schilderung des Berzeliusschen Laboratoriums hat sein Schüler Wöhler gegeben:

Es bestand aus zwei gewöhnlichen Zimmern mit höchst einfacher Einrichtung; man sah darin weder Öfen noch Dampfabzüge, weder Wasser- noch Gasleitung. In dem einen standen zwei gewöhnliche lange Arbeitstische von Tannenholz; an dem einen hatte Berzelius seinen Platz, an dem anderen ich den meinigen. An den Wänden standen einige Schränke mit den Reagentien, in der Mitte die Quecksilberwanne und der Glasblasetisch, letzterer unter einem in den Stubenofen-Schornstein mündenden Rauchfang von Wachstaffet. Außerdem befand sich darin die Spülanstalt, bestehend aus einem Wasserbehälter von Steinzeug mit Hahn und einem darunter stehenden Topf, wo täglich die gestrenge Anna[4]), die Köchin, die Gefäße zu reinigen hatte. In dem anderen Zimmer befanden sich die Waagen und einige Schränke mit Instrumenten und Gerätschaften; nebenan noch eine kleine Werkstatt mit einer Drehbank. In der nahen Küche, in der Anna das Essen bereitete, stand ein kleiner, selten gebrauchter Glühofen und das fortwährend geheizte Sandbad.
Die erste Analyse, die Berzelius mich vornehmen ließ, war die eines neuen Zeoliths. Auch machte er sie eigentlich selbst, um mir die Methode und alle

---

[4]) Über Berzelius' Haushälterin ist im letzten Kapitel Näheres angeben.

die kleinen Handgriffe zu zeigen, die ihm eigentümlich waren. Nachher bekam ich Lievrit, dessen Analyse ich zur Prüfung meiner Beharrlichkeit so oft wiederholten mußte, bis ich stimmende Resultate bekam. Hatte ich flüchtig gearbeitet und sie stimmten nicht, so pflegte er zu sagen: ‚Doktor, das war geschwind, aber schlecht'. [B 8, S. 45]

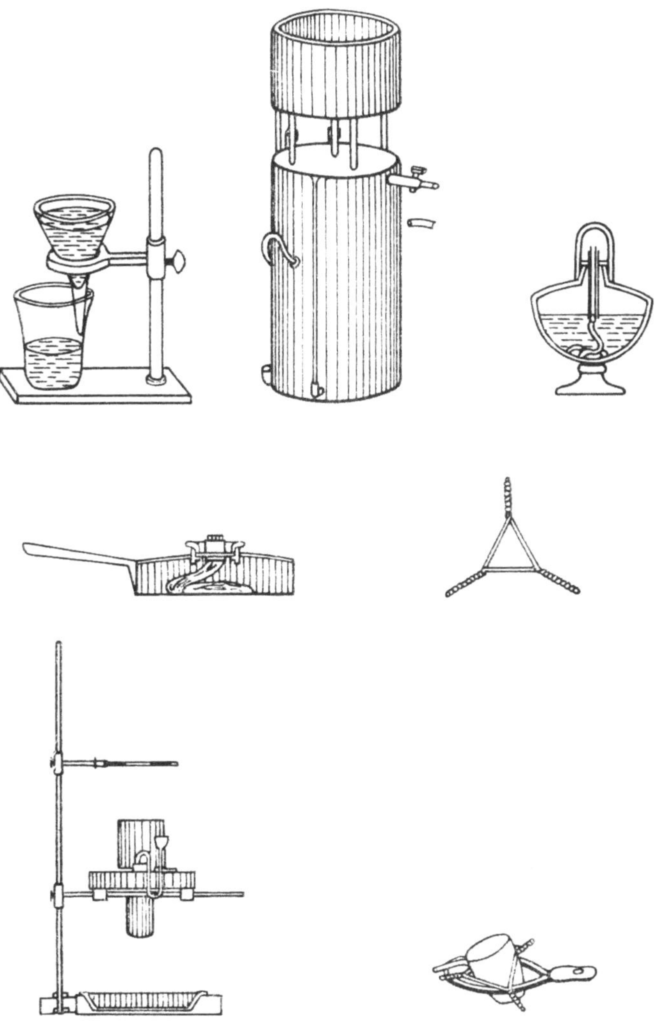

18 Einige Laboratoriumsgeräte, von denen Berzelius folgende schuf Spiritusbrenner, Filtertrichter, Holzstative, Drahtnetz

Doch zurück zum Lehrbuch der Chemie.
Von diesem klassischen Werk gab es außer den deutschen Editionen noch vier französische, zwei holländische, eine spanische und drei italienische Ausgaben. Auch sie bezeugen den gewaltigen Einfluß, den Berzelius auf die Chemie seiner Zeit hatte. Sein Einfluß auf die Chemie in Deutschland war besonders groß.

Die deutschen Schüler

Der Liebig-Biograph und -Schüler Jakob Volhard schrieb in einem
Kapitel der zweibändigen Liebig-Biographie über „Liebig und
Berzelius" den interessanten Satz:

Gut, daß er [Liebig – L. D.] nicht auch zur Fortsetzung seiner Studien sich
nach Stockholm wandte; hatten wir doch tüchtige Vertreter der schwedischen
Schule genug in C. G. Gmelin, Wöhler, Mitscherlich, H. Rose, Magnus; ein
französischer Faden als Einschlag in aas Gewebe der deutschen Chemie ge-
reichte dieser sehr zum Vorteil. [41, Bd. 2, S. 214].

Zweifelsohne brachte Liebig mit seiner großen Schülerzahl eine
gewichtige Komponente in die Entwicklung der Chemie in Deutschland ein, und sein freundschaftliches Verhältnis zum Berzelius-
Schüler Wöhler, der stets ausgleichend auf den spontan reagieren-
den Liebig einwirkte, war für die Ausbildung einer modernen
Chemikergeneration in Deutschland bedeutungsvoll.

Inwiefern es nun genug Berzelius-Schüler in Deutschland gab, sei
dahingestellt. Auf alle Fälle unterliegt auch Volhard dem bis heute
anhaltenden Fehler, als deutsche Berzelius-Schüler stets in stereo-
typer Wiederholung die fünf Ordinarien größerer deutscher Universitäten aufzuzählen. Aber die Schülerschar war wesentlich größer, und nicht jeder, der bei Berzelius weilte, wurde Ordinarius.
Einflußlos auf die wissenschaftliche Entwicklung in Deutschland
war er deshalb noch lange nicht.

Da es bei der Festlegung, wer Schüler eines großen Meisters war
und wer nicht, stets einige Unstimmigkeiten gibt, sei im vorliegen-
den Fall als Gradmesser dafür eine Porträtsammlung aller Schüler
im Berzelius-Nachlaß genommen. Von den deutschen Vertretern
werden in der Reihenfolge der Sammlung in Stockholm genannt:

Christian Gottlob Gmelin	Friedrich Ludwig Hünefeld
Eilhard Mitscherlich	Friedrich Wöhler
Kurt Alexander Winkler	Gustav Magnus
Heinrich Rose	Arnold Maus
Gottfried Wilhelm Osann	Karl Moritz Kersten.
Gustav Rose	

Weiterhin arbeiteten bei Berzelius noch Johann Friedrich Philipp Engelhardt und Karl Gustav Fiedler.

Zweifelsohne war Wöhler der bedeutendste unter diesen Schülern. Es kann hier nicht eine ausführliche Würdigung seines Lebenswerkes und das seiner Mitschüler folgen, doch sollen wenigstens die wichtigsten Angaben vor allem in bezug auf Berzelius folgen.

Wöhler ist derjenige gewesen, der Berzelius am nächsten stand. Er war in seiner ruhigen und zurückhaltenden Art Berzelius sehr sympathisch. Der Briefwechsel [B 48] zwischen beiden ist ein eindrucksvolles Zeitdokument und ein wichtiger Zugang zur Biographie beider Gelehrter. Obwohl der Briefwechsel 1901 erst erschien – Wöhler hatte ihn bis 1900 sperren lassen, um diejenigen, die sich verletzt fühlen könnten, aussterben zu lassen –, sind sehr persönlich gehaltene Stellen des Briefwechsels leider nicht publiziert.

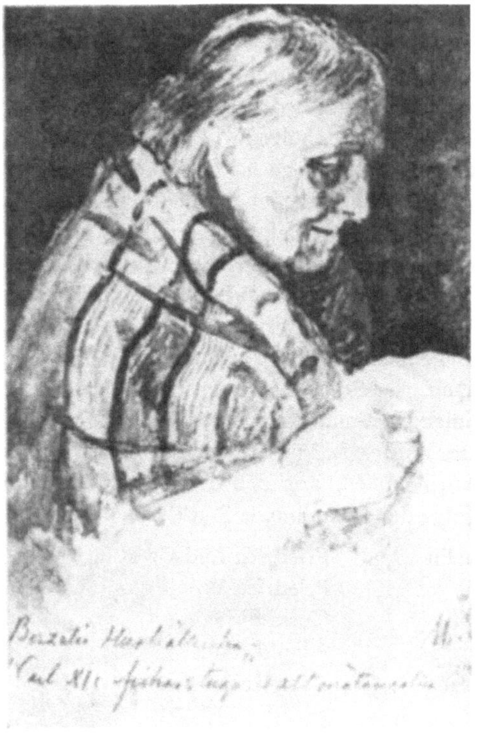

19 Berzelius' Haushälterin Anna Christina Persdotter Sundström, die auch der gute Geist im Laboratorium war und die Berzelius-Schüler versorgte Zeichnung von Mårten Eskil Winge (aus [B12])

Die Verdienste Wöhlers als Übersetzer der Werke von Berzelius
wurden schon gewürdigt. Auch der wissenschaftliche Dialog zwi-
schen beiden und Wöhlers Vermittlung im Streit mit Liebig sind
eine positive Frucht dieses guten Lehrer-Schüler-Verhältnisses.
Berzelius wiederum hat Wöhler stets gefördert. Als die Berufung
Wöhlers nach Göttingen anstand, griff Berzelius persönlich ein:
Wöhler wurde berufen – zum Vorteil der Universität Göttingen.
Wöhler seinerseits hat in seinen „Jugenderinnerungen eines Chemikers" [B 8] seinem Lehrer ein schönes Denkmal literarischer
Art gesetzt. Wöhlers Biographie ist bekannt genug, um hier noch
erwähnt werden zu müssen. Jedes gute Lexikon würdigt ihn ausführlich. Nicht allen Berzelius-Schülern widerfährt diese Ehre.
Daher seien zu deren Namen biographische Einzelheiten angefügt.
Christian Gottlob Gmelin entstammte der gleichnamigen süddeut-
schen Gelehrtendynastie. Er eröffnete von 1815 bis 1816 den
Reigen der deutschen Besucher in Berzelius' Laboratorium. 1817
wurde er Professor für Chemie und Pharmazie in Tübingen, wo
er 1860 starb. Sein Kontakt zu Berzelius ist in späteren Jahren geringer geworden, vor allem nachdem er die Übersetzung der Jahresberichte niederlegte.

20 Berzelius in spä-
ten Jahren. Zeichnung
von Samuel Diez 1840
(aus [B12])

Eilhard Mitscherlich [42, S. 242] hatte Berzelius bei seinem Besuch 1819 in Berlin kennengelernt. Berzelius hatte Mitscherlich für die Berliner Chemie-Professur an der Universität vorgeschlagen, wenn er sich zuvor in Stockholm die nötigen Chemiekenntnisse hole, denn Mitscherlich war von Haus aus Mediziner. Von 1819 bis 1821 war er bei Berzelius, mit dem ihn ein freundschaftlicher Briefwechsel verband. Allerdings überwarf sich Mitscherlich später mit den ebenfalls in Berlin wirkenden Heinrich Rose und Gustav Magnus. Kurt Alexander Winkler [43, S. 48] ist weniger durch seine eigenen Leistungen in der Chemiegeschichte als durch die seines Sohnes Clemens bekannt geworden. Dessen Entdeckung des Germaniums war eine brillante Leistung im Stile Berzelius', den er von seinem Vater übernahm. Im Briefwechsel mit Wöhler hat sich Berzelius abfällig über Kurt A. Winkler geäußert:

Breithaupts Schwager Winkler, ein guter und höchst einfältiger Mensch, der hier den ganzen Winter laboriert hat, ohne Moses [Mosander – L. D.] oder mich mit einem Wort um Rat zu fragen ..." [B 48, Bd. 1, S. 116].

Bei der Durchsicht seines Briefwechsels mit Berzelius ergab sich der Grund für das Verhalten des sehr zurückgezogenen und etwas unterwürfigen späteren Oberhüttenamtsassessors und Hütteninspektors (siehe Anhang).
Winkler studierte ab 1811 in Freiberg, war von Herbst 1825 bis zum Frühjahr 1826 bei Berzelius (nicht mehrere Jahre, wie bisher in seinen Biographien angemerkt). 1827 wurde er in Freiberg Oberhüttenamtsassessor und 1835 Oberschiedswardein, ehe er sich 1840 auf die Blaufarbenwerke Zschopenthal und Niederpfannenstiel zurückzog. Er publizierte auch Bücher zur Metallhüttenkunde. Sein kurzer Briefwechsel mit Berzelius ist als interessantes Zeitdokument im Anhang angefügt.
Heinrich Rose [42, S. 287] gilt als einer der bedeutendsten analytischen Chemiker des 19. Jahrhunderts, der Berzelius' Traditionen fortsetzte. Mit den Ergebnissen der in Stockholm ausgeführten Arbeit promovierte er 1821 in Kiel, wurde 1822 Privatdozent an der Universität Berlin, 1823 außerodentlicher und 1835 ordentlicher Professor für Chemie. Berzelius schrieb 1840 an Wöhler:

Welcher Unterschied in der Klarheit der Auffassung zwischen Mitscherlich und Rose. Mitscherlich ist Rose darin eben so überlegen, wie Rose an Liebenswürdigkeit und moralischen Eigenschaften dem Mitscherlich.

110

Gottfried Wilhelm Osann, von Wöhler als „der dicke Osann"
bezeichnet, weilte nur kurze Zeit bei Berzelius. Der aus Weimar
gebürtige Osann war durch Goethe zum Studium der Naturwissenschaften bestimmt. Ab 1823 war er Professor für Chemie und
Pharmazie in Dorpat, ehe er 1828 ein Ordinariat für Physik und
Chemie in Würzburg annahm und sich bis zu seinem Tode im
Jahre 1866 immer mehr der Physik zuwandte. Engeren Kontakt
zwischen Osann und Berzelius, der nicht die beste Meinung über
ersteren hatte, gab es später kaum.
Friedrich Ludwig Hünefeld war seit 1833 Professor der Chemie
und Pharmazie an der Universität Greifswald. Er hatte in Breslau
studiert, 1822 promoviert und war seit 1824 Privatdozent an der
dortigen Universität. 1827 weilte er in Stockholm. Berzelius hielt
sich während seiner Deutschlandreise gern bei ihm in Greifswald
auf, doch ist ansonsten ein intensiver Kontakt nicht zustande gekommen. Berzelius war es nicht sehr angenehm, daß sich Hünefeld
lautstark als sein Schüler ausgab. Sein Nachfolger in Greifswald
wurde der Wöhler-Schüler Heinrich Limpricht.
Gustav Rose ist vor allem als begleitender Mineraloge Humboldts
auf dessen Rußlandreise in Deutschland bekannt geworden. Er
hatte 1820 an der Universität Berlin promoviert, um anschließend
als „post doc" zu Berzelius zu gehen. 1826 wurde er außerordentlicher und 1839 ordentlicher Professor für Mineralogie an der
Universität Berlin. Im Gegensatz zu dessen Bruder Heinrich verlor ihn Berzelius später etwas aus den Augen.
Dem Physiker Gustav Magnus [42, S. 303] wird oft nicht zuge-
traut, ein Schüler des Chemikers Berzelius gewesen zu sein. Magnus
studierte ab 1822 Physik und Chemie an der Universität Berlin
und kam nach seiner Promotion 1827 auf Empfehlung Wöhlers
im Oktober 1827 nach Stockholm, wo er bis 1828 blieb. 1831 habi-
litierte er sich in Berlin und las über chemische Technologie. 1834
wurde er Extraordinarius und 1845 Ordinarius für Technologie
und Physik an der Universität Berlin. Magnus ist vor allem durch
sein „Physikalistisches Kolloquium" wie durch seine Schüler Hermann Helmholtz, Gustav Wiedemann, John Tyndall, Emil War-
burg und August Kundt bekannt geworden.
Über Arnold Maus, der 1827 bei Berzelius weilte, ist wenig bekannt. Er war Apotheker in Werder bei Potsdam und ließ sich
später in Berlin als Privatier nieder. Berzelius war mit ihm höchst

unzufrieden und beklagte sich bei Wöhler, daß Maus nur durch Stockholm schlendere und nicht im Laboratorium arbeite. So ist er nur der Beweis, daß man auch mit einem Studienaufenthalt bei einem großen Chemiker nichts in der Wissenschaft werden kann.

Karl Moritz Kersten [43, S. 246] war wohl der letzte in der Reihe der Schüler und weilte 1837 bei Berzelius. Er begann 1822 sein Studium in Freiberg, um es dann bei Stromeyer in Göttingen sowie bei Gay-Lussac in Paris fortzusetzen. Ab 1829 wirkte er in Freiberg als Professor für Chemie und chemische Technologie. 1847 mußte er wegen eines Nervenleidens sein Amt aufgeben und starb 1850 in der Irrenanstalt Colditz. Sein Verhältnis zu Berzelius war nie besonders gut. Als es 1839 wegen der Analyse von Monazit zu einer Auseinandersetzung kam, schrieb Berzelius an Wöhler: „Kersten ist ein lächerlicher Scharlatan." 1845 besuchte Kersten mit Freiberger Studenten seinen Lehrer in Karlsbad. Auch Kersten war ein produktiver Analytiker und wirkte als solcher in Freiberg, wo er seine Erfahrung im Unterricht weitergab.

In der Aufzählung der Schüler wurden die unbekannteren ausführlich bedacht, da sie in wissenschaftshistorischen Darstellungen kaum erwähnt werden. Aber nur so ergibt sich ein detaillierteres Bild vom Einfluß Berzelius' auf die Entwicklung der Chemie und einiger Randgebiete in Deutschland.

Späte Jahre

Es mag merkwürdig erscheinen, unter dieser Überschrift mit einem
Ereignis zu beginnen, das meist in die Jugend eines Menschen fällt:
die Heirat.

Tatsächlich entschloß sich Berzelius erst mit 56 Jahren, einen
Hausstand zu gründen. Bisher hatte Berzelius, der von morgens
6.30 bis abends 22 Uhr arbeitete, an ein Eheweib gar nicht gedacht, obwohl ihm das andere Geschlecht, wie einige Stellen im
Briefwechsel mit Wöhler andeuten, nicht nur aus Büchern bekannt war.

Sein Gesundheitszustand, der sich nach seinem aufopferungsvollen
Wirken als Mediziner (der er ja noch immer war) während der
Choleraepedemie 1834 in Stockholm verschlechterte, zwang ihn,
seine Arbeitszeit zu verkürzen, und so wurden ihm die Abende
etwas lang. Er befragte seinen „intimen und welterfahrenen
Freund, Grafen Trolle-Wachtmeister", der ihm zuriet:

Um sich recht wohl zu fühlen, muß man ein chez soi haben und es nicht
außerhalb seiner eigenen Wohnung suchen brauchen.

Wie der zweite Teil der Äußerung zu verstehen ist, sei dem Leser
überlassen. Diesmal suchte Berzelius nicht lange, sondern bat bei
seinem Bekannten, dem Kabinettsminister Poppius, um die Hand
von dessen ältester Tochter Elisabeth (Betty) Johanne, die gerade
24 Lenze zählte. Man willigte ein, und nachdem Berzelius im
Herbst 1835 durch Reisen nach Deutschland, Frankreich und Dänemark seine Gesundheit aufbessern konnte, heiratete er am
18. Dezember 1835. Als „kleines" Geschenk ließ der König ihn
zum Hochzeitstag in den Freiherrnstand erheben und gab ihm
gleich noch die Introduktionssumme dazu, damit Berzelius nicht
wieder wie 1818 in Verlegenheit komme, als er bei der damaligen
Erhebung in den Adelsstand bar der nötigen Summe war.
Nun hatte Berzelius eine junge Frau und ein prächtiges Frei-
herrn-Wappen, die Waage und den Äskulap-Stab enthaltend. Liebig, noch in bester Freundschaft mit Berzelius, gratulierte etwas
schelmisch:

21 Berzelius Gattin Betty geb. Poppius. Zeichnung von unbekannter Hand (aus [B 12]).

Sie sind ein Ehemann und ein glücklicher Ehemann. Sie sind beneidenswert, denn wenn Sie vor 30 Jahren geheiratet hätten, so hätten Sie jetzt eine alte Frau, die Ihr Leben nicht jugendlich erfrischen, die Sie jetzt nicht mit Blumen bekränzen würde. Wie wohl und heiter mögen Sie sich jetzt fühlen, wo freundliche Sorgfalt und Ihre Wünsche errät und Ihnen zuvor kommt. Wie traurig und nüchtern war dagegen gehalten Ihr früheres Leben. [B 45, S. 111].

Wenn einige Kollegen glaubten, nach den Flitterwochen würde Berzelius seine geliebte Wissenschaft fahren lassen, so sahen sie sich getäuscht.

Allerdings mußte Berzelius eine sehr bittere Pille schlucken. Über 15 Jahre war Anna Christina Persdotter Sundström, „die gute und gestrenge Anna", als Haushälterin der gute Geist des Laboratoriums. Sie wusch lieber Laborgläser als die Weingläser der Montagabendgesellschaft auf. Sie hatte den Respekt aller Praktikanten, die sie brieflich grüßen ließen, und war eine echte Stütze im Laboratoriumsbetrieb. Jetzt aber empfanden die junge Ehefrau und die Schwiegermutter das Kind einfacher Eltern nicht ganz standesgemäß und beförderten sie in die Provinz. Dort hat sie im hohen Alter, sie wurde 86 Jahre alt, noch der Maler M. E. Winge porträtiert (Abb. 19), um auch der Wissenschaftsgeschichtsschreibung ein Bild von jener Frau zu liefern, unter deren Mithilfe die chemischen Werke Berzelius' möglich waren.

Berzelius legte das Gewicht seiner experimentellen Untersuchungen nun überwiegend auf organische Verbindungen. Er fand durch trockene Destillation der Traubensäure 1834 die Brenztraubensäure und analysierte die bereits seit 1828 bekannte Aconitsäure, die beide als Stoffwechselprodukte im Citronensäurezyklus heute erkannt sind.

Noch einmal gelang ihm eine Namensschöpfung für eine sehr wichtige Stoffklasse. 1838 legte er den Namen „Proteine" als „Radikal" für stickstoffhaltige Verbindungen, die aus dem Fibrin, Kasein und Eiweiß isoliert wurden, fest. Den Namen teilte er brieflich an den holländischen Chemiker Gerardus Johannes Mulder mit, der ihn erstmals publizierte. Berzelius' Anteil ist erst 110 Jahre später von Sir Harold Hartley aufgedeckt worden.

22 Berzelius auf seiner letzten großen Reise 1845 in Berlin. Daguerreotypie von Laura Mitscherlich [aus: E. Mitscherlich: Gesammelte Schriften. Berlin 1896]

Berzelius untersuchte das Chlorophyll und dessen Reaktionen sowie die Gallensäuren, was ihm die Genugtuung einbrachte, besser als Liebig in der Analyse zu sein. Allerdings waren seine organischen Analysen nicht immer von der Qualität der anorganischen, weshalb er hier manchem Fehlschluß unterlag.

Das experimentelle Arbeiten wurde Berzelius zunehmend schwerer, und es ist erschütternd zu sehen, wie ihn das belastete. Am 22. November 1841 schrieb er an seinen treuen Freund in Göttingen:

Lieber Wöhler, arbeite tüchtig, solange Du noch Kräfte hast, denn Du glaubst nicht, was der Mensch für ein Vieh wird, wenn er zu altern anfängt. Dein treuer Jac. Berzelius [B 48, Bd. 2, S. 267].

Über diesen traurigen Zustand konnten ihn auch kaum Ehrungen und Ehrenmitgliedschaften hinwegtrösten. Er hatte schon zu viele. Berzelius war Mitglied von 94 gelehrten Gesellschaften, und natürlich zählten auch die bedeutendsten deutschen darunter. Die Zahl seiner Orden war beträchtlich, er hatte die entsprechende Statur, um sie zu tragen. Als die Friedensklasse des Ordens Pour le merite 1842 gestiftet wurde, gehörte ihr Berzelius sofort als Ritter an.

Doch seine Gesundheit verschlechterte sich ständig. Migräne- und Gichtanfälle häuften sich. Reisen schafften ihm nur eine geringe Linderung. 1845 weilte er letztmalig in Karlsbad und wurde auf der Reise dorthin in Berlin, wo er bei Heinrich Rose wohnte, gefeiert. Die letzte Reise unternahm er im Juli 1847 nach Kopenhagen, wobei er auch mit seinem alten Freund und Kollegen Hans Christian Oersted zusammentraf. Im Dezember 1847 erlitt er

23 Berzelius' Grab auf dem Friedhof Solna bei Stockholm

einen Anfall, der seine Beine lähmte, so daß er nur noch im Rollstuhl gefahren werden konnte. Sein Körper verfiel zusehends, aber er war stets bei klarem Verstand.

Am 7. August 1848 verstarb Berzelius in Stockholm und wurde auf dem Friedhof in Solna im Norden Stockholms begraben.

Es mußte erst einige Zeit vergehen, ehe die Nachwelt seinen Platz als einen der größten Chemiker nicht nur des 19 Jahrhunderts erkannte. Das Ringen um die Einsicht in die Gesetze der molekularen Welt, wofür auch der Kongreß 1860 in Karlsruhe ein Beispiel war, legte Berzelius' wissenschaftliche Leistung offen.

Wenn auch sein Werk im allgemeinen Gebrauch der Chemiker namenlos fortwirkt, so bietet die Darstellung seines Lebens und rastlosen Schaffens der heutigen Generation eine Chance, das Wirken dieses Mannes als Vorbild für das eigene Arbeiten zu nehmen.

Anhang

Briefwechsel zwischen Jöns Jacob Berzelius und Kurt Alexander Winkler

Brief 1: Winkler an Berzelius (6. April 1826)
Brief 2: Winkler an Berzelius (22. Juli 1826)
Brief 3: Berzelius an Winkler (4. Sept. 1826)
Brief 4: Winkler an Berzelius (20. April 1828)
Brief 5: Berzelius an Winkler (30. Nov. 1832) (Original: schwedisch)
Brief 6: Winkler an Berzelius (15. Juli 1833)

Die Originale der Briefe befinden sich im Archiv der Königlich-Schwedischen Akademie der Wissenschaften in Stockholm. Ein weiterer Brief von Berzelius an Winkler vom 29. Juni 1827 wurde 1966 im Antiquariat Huffels in Utrecht (Niederlande) von einem unbekannten Käufer erworben. Für den fünften Brief wird die deutsche Übersetzung des schwedischen Originals wiedergegeben, der weitere Briefwechsel erfolgte ausschließlich in Deutsch.

Nr. 1:

Örebro, den 5. April 1826

Mein hochverehrter Herr Professor!

Empfangen Sie noch einmal, ehe ich aus Ihrer Nachbarschaft scheide, ein warmes, inniges Lebewohl, und tausend Dank für alle Ihre Güte. – ich werde diese nie vergessen, ich werde mein ganzes Leben hindurch die ehrfurchtsvollste Erinnerung an den großen und liebevollsten Lehrer heilig bewahren. – Schenken auch Sie mir ein wohlwollendes Andenken, und vergessen Sie es, wenn Sie manchmal Ursache hatten, mit mir unzufrieden zu sein. Herr Professor Sefström wird Ihnen vielleicht einst sagen, was feindlich dem Wunsche entgegentrat, nur einzig und allein Ihnen und Ihrem Laboratorium zu leben.[1] Für Sie hatte ich immer nur Dank, Liebe und Hochachtung im Herzen, von anderer Seite aber wurde mein Dartun täglich gekränkt, und dieses wurde die Veranlassung zu meinem Benehmen, was Ihnen oft sehr sonderbar vorkommen mußte.
Einige Tage verweile ich noch in dieser Gegend, um verschiedene Hüttenwerke zu besuchen. Die Reise hierher war schlecht, das Warten höchst ungünstig.
Erlauben Sie mir noch eine Bitte, die ich in Stockholm zu Hause vergessen

---

[1] Die Ursache für Winklers Verhalten ist nicht näher bekannt, doch war für Auseinandersetzungen im Laboratorium auch Winklers eigenwilliger Charakter mitbestimmend.

118

hatte. − Breithaupt[2]) schrieb mir nämlich, daß er eine Kiste mit Mineralien für die Faluner Bergschule abgesendet habe und zwar mit der Weisung, daß solches, wenn es mich nicht mehr treffen sollte, an Sie abgegeben werde. − Sie genehmigen es doch. Er schrieb zugleich, daß er einige Mineralien ohne Nummer beigelegt habe, die er Ihnen schicke. Haben Sie also die Gewogenheit solche herauszunehmen. − ich vermute, daß es jene Mineralien sind, in denen er seine vermeintlichen neuen Metalle[3]) gefunden haben will, weiß das indes nicht gewiß. Vergeben Sie ja, daß ich Ihnen mit dieser Bitte noch beschwerlich fallen muß.

Leben Sie gesund und glücklich, mein hochverehrter Herr Professor. Nie vergesse ich Ihre Güte, und ewig bin ich Ihr dankbarster

innigst ergebenster   Kurt Alexander Winkler

Meine Empfehlung Herrn Assessor Arosenius und Herrn Dr. Mosander.

Nr. 2:

Freiberg, den 22. Juli 1826

Mein hochverehrter Herr Professor!

Sie werden mich als einen von denen betrachten, die genossenes Gutes schnell vergessen; mein Stillschweigen wird Ihnen diesen Glauben gegeben haben. − Aber dem ist nicht so. Arbeit und Reisen waren das, was mich immer vom Schreiben abhielt, mit Herz und Sinn war ich oft bei Ihnen, immer mit der liebevollsten, dankbarsten Erinnerung und mit der wärmsten Ehrfurcht.

Die unangenehmste Witterung und Kränklichkeit erschwerten mir meine Reise nach Norwegen, aber die schöne, erhabene Natur jenes Landes hat mich oft erfreut. Durch Ihre höchst gütige Empfehlung erhielt ich in Herrn Professor Esmark[4]) einen für mich sehr nützlichen Instruktor für die weitere Reise, die sich indes nur noch auf die Eisenhüttenwerke Barum und Moß und auf Kongsberg und das Modennsche Blaufarbenwerk beschränkte. Das letztere überraschte mich insofern, weil ich mir darunter nur ein kleines, schlecht eingerichtetes Werk vorgestellt hatte. So fand ich es aber nicht. Die Direktion ist gut, die Farben sind vortrefflich und das Werk für den Smaltehandel keineswegs unwichtig.

Die See stürmte gewaltig, als ich nach Ystad kam, dennoch war die Überfahrt noch recht angenehm. In Berlin wurde ich laufend mal an den großen Stockholmer Lehrer erinnert, und fand bei den Herren Mitscherlich und

---

[2]) Friedrich August Breithaupt, der Schwager Winklers, war als Nachfolger von Carl Friedrich Mohs Professor für Mineralogie an der Bergakademie Freiberg.

[3]) Breithaupt glaubte, zwei neue Elemente gefunden zu haben. Das eine sollte in dem von ihm erstmals beschriebenen Mineral Ostranit vorkommen und wurde zuerst mit „Ostran", dann mit „Apollon" bezeichnet. Es erwies sich später als Zirconium. Über das zweite Element Dian ist nichts Näheres bekannt (vgl. Brief 2). Am 28.3.1826 schrieb Berzelius an Wöhler dazu: „Ich bin gespannt auf die Entdeckungen des lächerlichen Breithaupts."

[4]) Esmark war Professor für Bergwissenschaften an der Universität Christiana (heute Oslo).

Rose die herrlichste Aufnahme, weil ich von Ihnen kam und von Ihnen erzählen konnte. Man hoffte dort halb und halb, Sie im Laufe dieses Sommers in Berlin zu sehen, und jedesmal, wenn dieses Pünktchen zur Sprache kam, lachten alle Augen.

Breithaupt will in den bevorstehenden Ferien seine chemischen Arbeiten wieder fortsetzen und trägt immer noch die feste Überzeugung in sich, daß er zwei neuen Stoffen auf der Spur ist. Was er mir darüber mitteilte, hat auch manches Eigentümliche, und sein wärmster Wunsch ist, daß Sie seinem Gegenstande Ihre Aufmerksamkeit schenken möchten. Sein Dian und Apollon scheinen aber überall miteinander zu korrespondieren und sind am Ende einunddasselbe. Letzteres kommt gewöhnlich in Verbindung mit Spießglanz,[5] ersteres in allen Spezien der Breith.[auptschen] Blendeordnung vor. Eine Charakteristik für das Dian ist sein Brennen mit weißem Licht, unter Entwicklung eines stechend harzigen Geruches und zeisiggrünen Rauches. –

Seit ich zurück bin, habe ich gar keine Gelegenheit gehabt, mich mit chemischen Arbeiten zu beschäftigen, sondern habe alle Hände voll mit der Bearbeitung von Hüttenberichten und Protokollen zu tun.

In Christiana fand ich eine Relation vom Bergmeister Thamm[6] über Vena. Ich weiß nicht, von wem sie kam, ich vermute aber, daß der Herr Dr. Mosander der gütige Übersender war. Habe ich recht geraten, so folgt sogleich, nebst meinen herzlichen Grüßen, mein wärmster Dank an ihn mit. Auch Herrn Assessor Arosenius empfehle ich mich bestens. Ich fragte umsonst nach ihm in Berlin.

Nehmen Sie nun noch einmal den tausendfachen Dank von mir für Ihre Güte, erhalten Sie mir ein wohlwollendes Andenken und genehmigen Sie die Versicherung, daß ich nie aufhöre, voll innigster Hochverehrung zu sein und zu bleiben.

Ihr

ganz gehorsamster   Kurt Alexander Winkler

Nr. 3:

Stockholm, den 4. Sept. 1826

Lieber Freund. Ich bin Ihnen Antwort auf zwei Briefe schuldig, der letzte vom 22. Juli 1826. Ich ersehe daraus, daß Sie glücklich in Ihrem Vaterlande zurückgekommen sind und mit der Redaktion Ihrer vielen Sammlungen beschäftigt. Wir haben in diesem Augenblick Ihr[en] Landsmann H[e]r[r]n Fiedler[7] hier, der sich zu einer weiten mineralogischen Reise vorbereitet. Auch ist der Dr. Engelhardt[7] aus Bayern hier, der wohl Ihre Stelle beim Tisch in meinem Laboratorium behaupten wird.

Ich habe einen großen Teil dieses Sommers in Ostgotland, besonders in der Gegend von Linköping zugebracht, halb verbrannt durch die nie abgebrochene überaus große Hitze, die noch bei meiner Rückkunft in Stockholm wütet und

---

[5] Spießglanz ist das Mineral Antimonglanz (Sb_2S_3).

[6] Über Thamm ist nichts Näheres bekannt.

[7] Über den Aufenthalt von Karl Gustav Fiedler und Johann Friedrich Philipp Engelhardt im Laboratorium von Berzelius gibt es keine weiteren Angaben.

120

jeden Mensch zu irgend einer Arbeit untauglich macht. Sefström, der bei
seiner Vertraute[n] ein[en] Besuch abstatte[te], wurde im Anfang von August
von einem Nervenfieber angefallen; nach 4 Wochen schwere[r] Krankheit
ist er nun endlich konvaleszent, so schwach aber, daß ein Rückfall fatal en-
digen würde. Ich hege doch die Hoffnung, er wird vorsichtig sein und ist
dann mit Sicherheit gerettet.
Ich würde gewiß der Entdeckung des Herrn Breithaupt Aufmerksamkeit
schenken, wenn er mir nur irgend ein factum, seine neuen Körper betreffend,
angeben wollte, welches ich dann untersuchen könnte.
Mit besonderer Hochachtung
Ihr ergebendster   Jac. Berzelius

Nr. 4 :

Mein hochverehrter Herr Professor!   Freiberg, den 20. April 1828

Es hat mich oft gedrängt, an Sie zu schreiben, sei es auch nur, um mich auf
irgend eine Weise Ihnen wieder einmal zu nähern: ich unterließ es aber,
weil meine Briefe Ihrem Geiste nichts darbieten können, und weil ich unter
solchen Umständen befürchten mußte, daß ich [Sie] nur damit belästigte. –
Deuten Sie also dieses Stillschweigen, und daß ich Ihren Brief, der mich so
unendlich erfreute, noch nicht beantwortete, nicht falsch. Nie höre ich auf,
Ihnen mit ganzer Hochachtung, Liebe und Dankbarkeit ergeben zu sein.
Ich hoffe, daß es Ihnen wohl geht. – Auch ich klage nicht. – Ich bin gegenwärtig Assessor im Oberhüttenamte. Diese Stelle hat mich in das volle
Geschäfts- und Aktenleben hineingeworfen, und mich vom Laboratorium
gänzlich entfernt. – Das tut mir oft leid, obgleich ich auf der anderen Seite
fühle, daß ich nie Analytiker würde geworden sein, weil mein ganzes Temperament durchaus nicht zu dieser Beschäftigung paßt. – Große Freude gewährt mir das Hüttenwesen. Ich treibe es mit der Lust, wie man ein Stek-
kenpferdchen reitet.
Als ich nach meiner Rückkehr bei unsern Hüttenoffizianten noch eine völlige
Unbekanntschaft mit den neuen Ansichten über Schlackenbildung fand, wurde
ich aufgefordert, und zwar nur für diese Offizianten, beifolgendes Schriftchen[8])
zu schreiben. Haben Sie ein nachsichtsvolles Auge dafür. Es ist nur eine
Zusammenstellung schon bekannter Dinge und nicht frei von Fehlern. – So
sind z. B. bei den aufgeführten Hochofenschlacken Silikate, Bisilikate und Tri-
silikate als zugleich miteinander vorkommend ausgeführt, was wohl unrichtig ist. – Diese kleine Arbeit veranlaßte mich nachher zu einer Menge eigenen Versuchen über die Bildung und die Eigenschaften der Silikate, die
mich wünschen lassen, das ganze Schriftchen wieder umarbeiten zu können. –
Endlich lege ich Ihnen noch einige von mir gefertige Pröbchen Kobaltgrün
und Kobaltultramarin bei. Gern hätte ich erfahren, ob das Kobaltgrün (Zink-
Kobalt) das Grün Rinmans erreicht. Ich kann nicht hoffen, daß Sie mich
wieder einmal mit einer freundlichen Nachricht erfreuen werden. Sollten

---

8) Winklers Buch „Erfahrungssätze über die Bildung von Schlacken" Freiberg 1827.

Sie mir aber doch diese Freude machen wollen, so bemerke ich mir noch, daß ich auch einen schwedisch geschriebenen Brief vollkommen lesen kann, und Sie sich also mit der deutschen Sprache nicht zu belästigen zu gebrauchen.

Vergessen Sie mich nicht ganz! – Ihr Andenken, Ihre Gewogenheit sind mir so teuer, daß ich auf das Dringendste darum bitten muß.

Immer mit der ausgezeichnetesten Hochverehrung

Ihr

ganz ergebendster und dankbarer   Kurt Winkler

Nr 5.[9]:

Stockholm, d. 30. Nov. 1832

Obwohl es ungefähr einen Monat her ist, daß ich das Vergnügen hatte, das für mich angenehme und kostbare Erinnerungsgeschenk[10] zu empfangen, das Lizentiat die Freudlichkeit hatte, an mich zu richten, so bin ich doch aus dem Grunde nicht dazu gekommen, eher zu schreiben, als ich zunächst beabsichtigte, gleichzeitig Lic. Breithaupts freundschaftlichen Brief mit einer Analyse von Ostranit zu beantworten. Ich hatte inzwischen noch keine Gelegenheit, diese auszuführen, und da es sich nicht um eine Sache handelt, die von einem Gehilfen gemacht werden kann, so muß ich mich dafür entschuldigen, daß ich eine andere Untersuchung beendet habe, die mich jetzt beschäftigt. Aber so lange will ich die Benachrichtigung nicht aufschieben, daß die schöne Tasse unverletzt angekommen ist, und die Entledigung meiner herzlichen Dankbarkeit für dieses Gedenken.

Meine Tage vergehen, gottlob, wie üblich zwischen Laboratorium und Schreibtisch. Nachdem Lizentiat uns verlassen hatte, hat die Wissenschafts-Akademie das Haus verkauft, wo er vorher einlogiert war und wo wir zusammen laborierten, und statt dessen ein viel größeres Haus gekauft, das ein Palast genannt werden kann, das sogenannte Westmansche Haus zwischen Dronninggatan und Adolph-Fredricks-Kirche.

Dort bin ich jetzt einquartiert. Im Hinblick auf meine Wohnräume ist es überflüssig prächtig, da das Stockwerk vordem lange von Diplomaten bewohnt war; aber das bequeme Laboratorium, das ich am früheren Platz hatte, fehlt mir an diesem. Die Räume, die ich hier dazu verwenden kann, sind niedrig und nicht ausreichend hell sowie so wenig geräumig, daß einer einzigen Person, die gleich mir dort laboriert, bereits ausreichend Raum fehlt.

Von Sefström kann ich grüßen. Es geht ihm gut, er arbeitet rastlos in seiner Wissenschaft, doch ist es ihm noch nicht geglückt, seiner kleinen schönen Frau Kinder zu machen. Die Berga-Schule läuft im übrigen mit gleichem anhaltenden Eifer wie vorher weiter.

---

[9] Dieser in schwedischer Sprache verfaßte Brief enthält keine Anrede sowie im Text die Eigenheiten der Anrede im Schwedischen. Winkler wird von Berzelius mit Lizentiat in der 3. Person Singular angesprochen, jedoch am Ende des Briefes in einer Aufforderung geduzt.

[10] Es handelt sich hierbei offensichtlich um eine Porzellantasse evtl. aus Meißner Porzellan.

122

Von Lizentiats früheren Laboratoriumskameraden bei mir ist keiner gestorben. Mosander verheiratet sich in diesen Tagen mit einem der schönsten Mädchen in Stockholm. Ich habe zu seinen Gunsten meine Professorenstelle am Karolinska Institutet aufgegeben, wodurch er mein Nachfolger ist. Ich bin dadurch jetzt ganz frei von Vorlesungen und kann besser als vorher über meine Zeit disponieren; dagegen wird diese of genug von anderen kleineren wissenschaftlichen Arbeiten beansprucht, für die ich als Sekretär der Wissenschaftsakademie zuständig bin. Jedoch bin ich stets glücklich genug, Zeit zur Verfolgung meiner chemischen Arbeiten zu haben, in welcher Richtung es mir behagt, und ohne von anderen Amtsgeschäften gestört zu werden. Erweise mir die Freundschaft, mir zuweilen zu scheiben. Ich möchte so gerne hören, wie es meinen Freunden geht.
Gruß und Freundschaft

Jac. Berzelius

Nr. 6:

Hochwohlgeborner, hochzuverehrender Herr Professor!

Es sind kaum 8 Tage vergangen, als ich mir erlaubte, Ihnen durch meinen Freund, Herrn Dr. Saynisch[11]) aus Nordamerika, einen Brief zu übersenden. Hoffentlich wird Herr Saynisch glücklich in Schweden angelangt sein, und ich freue mich darauf, bald von ihm zu hören, daß Sie gesund, vielleicht auch, daß Sie noch einige gütige Erinnerung für mich haben.
Beikommend bin ich so frei, Ihnen ein kleines Schriftchen über Amalgamation[12]) zu übersenden. Nehmen Sie es wohlwollend auf und beurteilen Sie es nachsichtig – Habe ich dann und wann geirrt, so nehme ich jede Belehrung mit dem innigsten Danke auf. – Im Betreff der Schwarz-Kupferamalgamation habe ich mich mit den Ansichten der Herren Wehrle und Karsten nicht vereinigen können, unterwerfe mich aber ganz Ihrem Ausspruche.
Ich höre nie auf mit den Empfindungen wahrer innigster Hochverehrung und Dankbarkeit zu beharren als
Eur. Hochwohlgeb.
ganz ergebenster

Kurt Winkler

Freiberg, den 15. Juli 1833

---

[11]) Über diesen Freund Winklers war nichts zu ermitteln.
[12]) K. A. Winkler: Die europäische Amalgamation der Silbererze und silberhaltigen Hüttenprodukte. Freiberg 1833. (Eine zweite, überarbeitete Auflage davon erschien 1848.)

Chronologie

1779	Am 20. August wird Jöns Jacob Berzelius in Väversunda Sögård geboren.
1783	Tod des Vaters.
1785	Erneute Heirat der Mutter.
1788	Tod der Mutter.
1791	Berzelius lebt bei seinem Onkel Magnus Sjösteen.
1793	Besuch des Gymnasiums in Linköping.
1794/95	Hauslehrer in der Nähe Norrköpings.
1797	Aufnahme des Studiums der Medizin an der Universität Uppsala, kurz darauf aber Hauslehrer in Eggeby.
1798	Zuspruch eines Stipendiums und Fortsetzung des Studiums.
1799	Private Studien zur Chemie und zur Elektrizitätslehre.
1801	Kandidaten- und Lizentiatenexamen für Medizin.
1802	Verteidigung der Dissertation mit dem Titel „De Electricitatis galvanicae apparatu cel. Volta excitae in corpara organica effectu".
1802	Adjunkt (ohne Bezüge) der Medizin und Pharmazie am (späteren) Karolinska Institutet.
1802/03	Gemeinsame Untersuchungen mit W. Hisinger über Galvanismus und die Analyse von Mineralien.
1803	Entdeckung des Ceriums gemeinsam mit Hisinger und gleichzeitig mit Klaproth.
1804	Promotion an der Universität Uppsala.
1805	Anstellung als Armenarzt im Ostteil Stockholms für 66 Reichstaler pro Jahr und Ernennung zum Assessor ohne Bezüge am späteren Karolinska Institutet.
1806	„Vorlesungen über Tierchemie" erscheint, Berzelius wird Lektor.
1807	Professor für Medizin und Pharmazie am späteren Karolinska Institutet, Arbeiten über Milchsäure.
1808	Darstellung von Ammoniumamalgan mit M. M. Pontin. Der 1. Band des „Lehrbuches der Chemie" erscheint. Berufung zum Mitglied der Akademie der Wissenschaften in Stockholm. Beginn der umfangreichen analytischen Arbeiten.
1810	Berzelius wird nach Umbenennung der chirurgischen Schule in „Karolinska Mediko-Kirurgiska Institutet" Professor für Chemie und Pharmazie, gibt sein Amt als Armenarzt auf; Präsident der Akademie der Wissenschaften für 1810.
1811	Mitglied des Collegium medicum, Auftrag zur Neuherausgabe der schwedischen Pharmakopöe an Berzelius. Erste Veröffentlichung der neuen chemischen Nomenklatur.

1812	Reise nach England, Zusammentreffen mit Davy, gemeinsame Arbeiten mit Marcet, erste Darstellung der elektrochemischen Theorie, Verbesserung der organischen Elementaranalyse.
1814	Neues. System der Mineralogie, chemische Symbole eingeführt, erste Tabelle der Atommassen.
1815	Als erster deutscher Schüler arbeitet Christian Gottlob Gmelin bis 1816 bei Berzelius.
1816	Berzelius erlernt bei Gahn die Lötrohrprobierkunst.
1817	Entdeckung des Selens. Gleichzeitig entdeckt in Berzelius' Laboratorium Arfwedson das Lithium.
1818	Frankreichaufenthalt. Bei der Thronbesteigung Karls XIV. Johan wird Berzelius geadelt. „Versuch einer Theorie der chemischen Proportionen" erscheint im dritten Band des „Lehrbuches der Chemie".
1819	Reise durch Deutschland nach Schweden. Sekretär der Akademie der Wissenschaften zu Stockholm (bis zu seinem Tode).
1820	Berzelius' Buch über die Lötrohranalyse erscheint.
1821	Erster „Jahresbericht über die Fortschritte der physischen Wissenschaften" von Berzelius erscheint in Stockholm. (Erste deutsche Ausgabe 1822).
1822	Kuraufenthalt in Karlsbad, Zusammentreffen mit Goethe.
1823	Darstellung von reinem Silicium.
1824	Entdeckung des Zirconiums. Erste Darstellung des Tantals.
1828	Teilnahme an der von A. v. Humboldt geleiteten Versammlung der Gesellschaft deutscher Naturforscher und Ärzte in Berlin.
1829	Entdeckung des Thoriums.
1830	Besuch der Naturforscherversammlung in Hamburg. Zusammentreffen mit Liebig; Sefström entdeckt in Berzelius' Laboratorium das Vanadium. Einführung des Begriffs Isomerie.
1831	Unterscheidung von Isomerie, Polymerie und Metamerie.
1832	Rücktritt von der Professur am Karolinska Institutet. Nachfolger wird sein Schüler Mosander. Berzelius bleibt Honorarprofessor.
1834	Choleraepedemie in Stockholm. Berzelius wirkt aufopferungsvoll als Arzt.
1835	Berzelius wird Freiherr. Heirat mit Elisabeth Johanna Poppius. Einführung des Begriffes „Katalytische Kraft".
1838	Arbeiten über Chlorophyll. Berzelius schlägt den Begriff „Protein" vor (Mulder).
1839	Untersuchung der Gallenflüssigkeit.
1841	Der Begriff ‚Allotropie" wird erstmals geprägt.
1845	Letzte Reise nach Karlsbad, zunehmende Krankheit.
1847	Teilnahme an der Versammlung skandinavischer Naturforscher in Kopenhagen. Letztes Treffen mit seinem Freund Oersted. Im Dezember schwere Krankheit.
1848	Am 7. August verstirbt Berzelius in Stockholm.

Literatur

A. Berzelius' eigenständige Werke
unter besonderer Berücksichtigung der deutschen Ausgaben
(das Erscheinungsjahr der Originalausgabe wird
in eckigen Klammern angegeben)

A 1 Berzelius, J. J.: De electricitatis galvanicae apparatu cel. Volta excitae in corpara organica effectu. Diss. Univ. Uppsala. Uppsala 1802.

A 2 Berzelius, J. J., u. W. Hisinger: Cerium, en ny metall, funnen i Bastnäs tungsten frön Riddarhyttan i Westmanland. Stockholm 1804.

A 3 Berzelius, J. J.: Afhandling om Galvanismen. Stockholm 1802.

A 4 Berzelius, J. J.: Föresläsningar i djurkemien. 1. Teil Stockholm 1806, 2. Teil Stockholm 1808.

A 5 Berzelius, J. J.: Lärbok i Kemien Del. 1 Stockholm 1808.

A 6 Berzelius, J. J.: Überblick über die Zusammensetzung der tierischen Flüssigkeiten [1812]. Nürnberg 1814.

A 7 Berzelius, J. J.: Übersicht der Fortschritte und des gegenwärtigen Zustandes der tierischen Chemie [1812]. Nürnberg 1815.

A 8 Berzelius, J. J.: Versuch, durch Anwendung der elektrisch-chemischen Theorie und der chemischen Verhältnislehre ein rein wissenschaftliches System der Mineralogie zu begründen [1814]. Nürnberg 1815.

A 9 Berzelius, J. J.: Elemente der Chemie der unorganischen Natur. (Dt. v. J. G. L. Blumhof) [1808] Teil 1. Leipzig 1816.

A 10 Berzelius, J. J.: Neues System der Mineralogie [1815]. Nürnberg 1816.

A 11 Berzelius, J. J.: Lehrbuch der Chemie. (Dt. v. K. A. Blöde) [1817] Bd. 1. Dresden 1820.

A 12 Berzelius, J. J.: Versuch über die Theorie der chemischen Proportionen und über die chemischen Wirkungen der Elektrizität nebst Tabellen über die Atomgewichte der meisten unorganischen Stoffe und deren Zusammensetzungen. (Dt. v. K. A. Blöde) [1818]. Dresden 1820.

A 13 [Berzelius, J. J., und P. Lagerhjelm] Alphabetisches Verzeichnis der Gehalte sämtlicher bekannter chemischer Verbindungen. Nürnberg 1820.

A 14 Berzelius, J. J.: Von der Anwendung der Lötrohrs in der Chemie und Mineralogie. (Dt. v. H. Rose) [1820]. Nürnberg 1821. 2. Auflage 1828, 3. Auflage 1837, 4. Auflage 1844.

A 15 Berzelius, J. J.: Jahresbericht über die Fortschritte der physischen Wissenschaften [1821–1847]. (Jg. 1–3 dt. von C. G. Gmelin, Jg. 7–15 dt. von F. Wöhler, Jg. 16–20 hrsg. von F. Wöhler). Jg. 1–27, Tübingen, 1822–1848, ab Jg. 21 unter dem Titel „Jahresbericht über die Fortschritte der Chemie und Mineralogie" (dazu Register zu Jg. 1–17, Tübingen 1839 und zu Jg. 1–25, Tübingen 1847).

A 16 Berzelius, J. J.: Über die Zusammensetzung der Schwefelalkalien. (Dt. v. C. Palmstedt) [1820] Nürnberg 1822.

A 17 Berzelius, J. J.: Lehrbuch der Chemie. (Dt. v. K. A. Blöde und C. Palmstedt). Bd. 1, 2. Auflage. Dresden 1823. Bd. 2 (Dt. v. C. Palmstedt). Dresden 1824.

A 19 Berzelius, J. J.: Lehrbuch der Chemie Bd. 1–4. (Dt. v. F. Wöhler).
Dresden 1825–1831. 3. Auflage Bd. 1–10 Dresden 1833–1841. 4. Auf-
lage Bd. 1–10 Dresden 1835–1841. 5. Auflage Bd. 1–5 (unvollendet)
Dresden 1843–48.

A 20 Sefström, N. G., u. J. J. Berzelius: Über das Vanadium, ein neues Metall. [1831]. Halle 1831.

A 21 Berzelius, J. J.: Atomgewichtstabellen, Leipzig 1847.

A 22 Berzelius, J. J.: Versuch, die bestimmten und einfachen Verhältnisse
aufzufinden, nach welchen die Bestandteile der unorganischen Natur
miteinander verbunden sind. [1811–1812]. (Ostwalds Klassiker Bd. 35,
Hrsg. W. Ostwald) Leipzig 1892.

B. Bibliografien, Biografien und Briefausgaben

B 1 Holmberg, A.: Bibliografi över J. J. Berzelius. Teil 1 Stockholm u.
Uppsala 1933; Teil 1 Suppl. [1] Stockholm 1936; Teil 2 Stockholm
1936; Teil 1 Suppl. 2 Stockholm 1953; Teil 2 Suppl. [1] Stockholm
1953; Teil 1 Suppl. 3, Stockholm 1967.

B 2 Berzelius, J. J.: Själfbiografiska anteckningar. (Hrsg. H. G. Söderbaum).
Stockholm 1901. Reprint Stockholm 1979.

B 3 Berzelius, J. J.: Selbstbiografische Aufzeichnungen (Hrsg. H. G. So-
derbaum). (Monographien aus der Geschichte der Chemie, Heft 7).
Leipzig 1903. Reprint Leipzig 1970 (entspricht Teil 1 von B 2).

B 4 Berzelius, J. J.: Reseanteckningar. (Hrsg. H. G. Söderbaum). Stockholm
1903.

B 5 Berzelius, J. J.: Reiseerinnerungen aus Deutschland. Weinheim u. Berlin 1948, vgl. B 8.

B 6 Rose, H.: Gedächtnisrede auf Berzelius. Berlin 1852.

B 7 Blomstrand, C. W.: Die Chemie der Jetztzeit vom Standpunkte der
elektrochemischen Auffassung aus Berzelius' Lehre entwickelt. Heidel-
berg 1869.

B 8 Wöhler, F.: Jugenderinnerungen eines Chemikers. Ber. dt. chem. Ges.
8 (1875) 838–52 (Wiederabdruck in B 5).

B 9 Söderbaum, H. G.: Berzelius' Werden und Wachsen 1779–1821 (Monographien aus der Geschichte der Chemie Heft 3) Leipzig 1899. Reprint Leipzig 1970.

B 10 Ebstein, W.: Die Gicht des Chemikers Berzelius und anderer hervorragender Männer. Stuttgart 1904.

B 11 Hjelt, E.: Berzelius – Liebig – Dumas. Ihre Stellung zur Radikaltheorie
1832–1840. Stuttgart 1908.

B 12 Söderbaum, H. G.: Jac. Berzelius. Levnadsteckning, Bd. 1–3. Uppsala
1929–1931.

B 13 Walden, P.: Berzelius und wir. Z. angew. Chem. 43 (1930) 325–29,
351–54, 366–70.

B 14 Mittasch, A.: Berzelius und die Katalyse. Leipzig 1935.

B 15 Holmberg, A.: Berzelius-Porträtt. Stockholm 1939.

B 16 Prandtl, W.: Humphry Davy – Jöns Jacob Berzelius. (Große Naturforscher Bd. 3) Stuttgart 1948.

B 17 Hartley, H.: The Place of Berzelius in the History of Chemistry. Levnadsteckningar over K. Svenska Vetenskaps. ledamöter [135] Stockholm 1950. Wiederabdruck in: Sir H. Hartley: Studies in the History of Chemistry. Oxford 1971. S. 134–52.

B 18 Zekert, O.: Jöns Jacob Berzelius. Ein berühmter Chemiker, ein unbekannter Arzt. Wien 1958.

B 19 Solowjew, Y. I.: New Materials for the Scientific Biography of J. J. Berzelius. Chymia 7 (1961) 109–125.

B 20 Russell, C. A.: The Electrochemical Theory of Berzelius, Part I: Origins of the Theory. Ann. Sci 19 (1963) 117–126; Part 2: An electrochemical view of matter. Ann. Sci 19 (1963) 127–45.

B 21 Jorpes, J. E.: Jac. Berzelius. His Life and Work. Stockholm 1966.

B 22 Russell, C. A.: Berzelius and the Development of the Atomic Theory. In: John Dalton and the Progress of Science. Manchester 1968. S. 259 bis 273.

B 23 Lundgren, A.: Berzelius och den kemiska atomteorin. Stockholm 1979.

B 24 Krook, H.: Jacob Berzelius. Stockholm 1979.

B 25 Trofast, J.: J. J. Berzelius and the Concept of Catalysis. In: Proc. 12th Swedish Symp. on Catalysis. Lund 1979.

B 26 Jöns Jacob Berzelius – en av Karolinska Institutets Grundare. (Hrsg. A. Teorell-Henriksson). Stockholm 1979.

B 27 Solowjew, Y. I., u. V. I. Kurinnoi: Jacob Berzelius. Leben und Wirken (russ.). 2. Aufl. Moskau 1980.

B 28 Melhado, E. M.: Jacob Berzelius. The Emergence of this Chemical System. Stockholm 1981.

B 29 Autorenkollektiv: Zur Würdigung von J. J. Berzelius, A. Kekulé u. F. Wöhler. Berlin 1982.

B 30 Jorpes, E., Odelberg, W., u. G. Pipping: Berzelius Museum. Stockholm 1982.

B 31 Jac. Berzelius brev (Hrsg. H. G. Söderbaum) Bd. 1. 1 Brefväx. m. Berzelius och C. L. Berthollet (1810–1822). Uppsala 1912.

B 32 idem Bd. 1.2 Brefväx. m. Berzelius och Sir Humphry Davy (1808 1825). Uppsala 1812.

B 33 idem. Bd. 1.3. Brefväx. m. Berzelius och Alexandre Marcet (1812 bis 1822). Uppsala 1913.

B 34 idem Bd. 2.1. Brefväx. m. Berzelius och P. L. Dulong (1819–1837). Uppsala 1915.

B 35 idem Bd. 2.2. Brefväx. m. Berzelius och G. J. Mulder (1834–1847). Uppsala 1916.

B 36 idem Bd. 3.1. Brefväx. m. Berzelius och T. Thomson. Uppsala 1918.

B 37 idem Bd. 3.2. Strödda bref (1809–1847). Uppsala 1919–1920.

B 38 idem Bd. 4.1. Brevväx. m. Brezelius och Wilhelm Hisinger (1804 bis 1842). Uppsala 1921.

B 39 idem Bd. 4.2. Brevväx. m. Berzelius och J. G. Gahn (1804–1818). Uppsala 1922.

B 40 idem Bd. 4.3. Brevväx. m. Berzelius och C. A. Agardh (1819–1847).
Uppsala 1925.
B 41 idem Bd. 5.1. Brevväx. m. Berzelius och N. Nordenskiöld (1817–1847).
Uppsala 1927.
B 42 idem Bd. 5.2. Brevväx. m. Brezelius och C. F. Rammelsberg (1838 bis
1847). Uppsala 1928.
B 43 idem Bd. 6.1. Brevväx. m. Berzelius och E. Mitscherlich (1819 bis
1847). Uppsala 1932.
B 44 idem Bd. 6.2. Brevväx. m. Berzelius och Sven Nilsson (1819–1847).
Uppsala 1932.
B 45 Berzelius und Liebig. Ihre Briefe von 1813–1845 (Hrsg. J. Carriere).
München u. Leipzig 1893.
B 46 Zwanzig Briefe gewechselt zwischen J. J. Berzelius u. C. F. Schönbein
in den Jahren 1836–1847. (Hrsg. G. W. A. Kahlbaum). Basel 1898.
B 47 Aus J. Berzelius' und Gustav Magnus' Briefwechsel in den Jahren
1828–1847. (Hrsg. E. Hjelt). Braunschweig 1900.
B 48 Briefwechsel zwischen J. Berzelius und F. Wöhler (Hrsg. O. Wallach).
Bd. 1–2. Leipzig 1901.
B 49 Correspondence de H. C. Oersted avec divers savants. (Hrsg. M. C. Har-
ding). Bd. 1. Kopenhagen 1920. S. 1–75 (Briefw. m. Berzelius).
B 50 Brevväxlingen mellan Jöns Jacob Berzelius och Carl Palmstedt. (Hrsg.
J. Trofast). Teil 1, Lund 1979; Teil 2, Lund 1981; Teil 3, Lund 1983.

Zitierte Literatur

[1] Milt, C. de: Carl Weltzien and the Congress at Karlsruhe. Chymia 1
(1948) 153–169, s. auch Stock, A.: Der internationale Chemiker-Kongreß Karlsruhe 3.–5. September 1860 vor und hinter den Kulissen.
Berlin 1933.
[2] a) Anschütz, R.: August Kekulé. Bd 1 + 2. Berlin 1929; b) Göbel, W.:
Friedrich August Kekulé. Leipzig 1984.
[3] Konfuzius: Gespräche (Lun-Yu). Leipzig 1982. S. 100.
[4] Kekulé, A.: Lehrbuch der Organischen Chemie oder der Chemie der
Kohlenstoffverbindungen. Erlangen 1861.
[5] Weltzien, C.: Systematische Zusammenstellung organischer Verbindungen. Braunschweig 1860.
[6] Cannizzaro, S.: Sunto di un corso di filosofia chimica. Pisa 1858.
[7] Cannizzaro, S.: Abriß eines Lehrgangs der theoretischen Chemie (Ostwalds Klassiker Bd. 30). Leipzig 1891.
[8] Meyer, L.: Moderne Theorien der Chemie und ihre Bedeutung für die
chemische Statik. Breslau 1864.
[9] Vgl. z. B. Spronsen, J. W. van: The Periodic System of Chemical Elements. A History of the First Hundred Years. Amsterdam 1969.
[10] Meyer, E. v.: Die Karlsruher Chemiker-Versammlung im Jahre 1860
J. prakt. Chem. 191 (1911) 182–89.
[11] Döbereiner, J. W., u. M. Pettenkofer: Die Anfänge des natürlichen

Systems der Elemente (Ostwalds Klassiker Bd. 66). Leipzig 1895. S. 33 (Anmerkung von L. Meyer).

[12] Lippmann, E. O. v.: Beiträge zur Geschichte der Naturwissenschaften und der Technik. Bd. [1]. Berlin 1923. S. 295.

[13] Palmberg, .J: Serta Florea Svecana oder der Schwedische Pflanzenkranz (schwed.). Sammanflärad 1684.

[14] Sturm, C.: Betrachtungen über die Natur (schwed.) Bd. 1 u. 2. Uppsala 1782–1783.

[15] Linné, C. v.: Fauna Suecica. Leiden 1746; auch Stockholm 1764.

[16] Girtanner, C.: Anfangsgründe der antiphlogistischen Chemie. Berlin 1792. 2. Aufl. Berlin 1795.

[17] Hagen, K. G.: Lehrbuch der Apothekerkunst. 2 Teile, Königsberg 1778.

[18] Cavallo, T.: Vollständige Abhandlung der Lehre von der Elektrizität. Leipzig 1778.
Humboldt, A. v.: Versuche über die gereizte Muskel- und Nervenfaser. Bd. 1 u. 2. Posen u. Berlin 1797.

[19] Hisinger, W., u. J. J. Berzelius: Versuche, betreffend die Wirkung der elektrischen Säule auf Salze und auf einige von ihren Basen. Neues allg. J. Chem. 1 (1803) 115–149.

[20] Berzelius, J. J.: Elektroskopische Versuche mit gefärbten Papieren. Ann. Phys. 27 (1807) 316–24.

[21] Davy, H.: Über einige chemische Wirkungen der Elektrizität. Bakerian-Lecture für 1806. Wiederabdruck in: Davy, H.: Elektrochemische Untersuchungen (Ostwalds Klassiker Bd. 45). Leipzig 1893.

[22] Hisinger, W., u. J. J. Berzelius: Expériences galvaniques. Ann. Chim. 51 (1803) 167–174.

[23] Berzelius, J. J., u. M. M. Pontin: Elektrisch-chemische Versuche über die Zerlegung der Alkalien und der Erden. Ann. Phys. 36 (1810) 247–80.

[24] Gay-Lussac, L.-J., u. L. J. Thenard: Untersuchungen über die Bildung eines Amalgams mit Ammoniak. Ann. Phys. 35 (1810) 133–148.

[25] Berzelius, J. J.: Theorie der elektrischen Säule. J. Chem. Phys. 3 (1807) 177–193.

[26] Gmelin, L.: Handbuch der theoretischen Chemie. Bd. 1–3. Frankfurt 1817–1819.

[27] Lippmann, E. O. v.: Beiträge zur Geschichte der Naturwissenschaften und der Technik. Bd. 2. Weinheim 1953. S. 187.

[28] Berthollet, C.-L.: Essai de statique chimique. Paris 1803.

[29] Richter, J.-B.: Die Anfangsgründe der Stöchiometrie. Berlin 1792.

[30] Wenzel, C. F.: Lehre von der Verwandtschaft der Körper. Dresden 1777.

[31] Afhandlingar i Fysik, Kemi och Mineralogi. (Hrsg. W. Hisinger u. J. J. Berzelius). Teil 1–6. Stockholm 1806–1818.

[32] Berzelius, J. J.: Versuch, die chemischen Ansichten, welche die systematische Aufstellung der Körper, in meinem Versuch einer Verbesserung der chemischen Nomenklatur begründen, zu rechtfertigen. J. Chem. Phys. 6 (1811) 119–176.

130

[33] Girtanner, Chr.: Neue chemische Nomenklatur für die deutsche Sprache.
Berlin 1791.

[34] Berzelius, J. J.: Versuch einer lateinischen Nomenklatur für die Chemie,
nach elektrisch-chemischen Ansichten. Ann. Phys. 42 (1812) 37–39.

[35] Dalton, J.: A New System of Chemical Philosophy. Bd. 1 u. 2. London 1808–1810.

[36] Berzelius, J. J.: Über die Ursachen der chemischen Proportionen. Teil
III. J. Chem. Phys. 14 (1815) 446–461.

[37] Dalton, J.: Bemerkung über die Abhandlung von Berzelius, die Ursache der chemischen Verbindungsverhältnisse betreffend. J. Chem.
Phys. 14 (1815) 462–77.

[38] Forschen und Nutzen. Wilhelm Ostwald zur wissenschaftlichen Arbeit.
(Hrsg. G. Lotz, L. Dunsch u. U. Kring). Berlin 1978.

[39] Dunsch, L.: Humphry Davy. Leipzig 1982.

[40] Berzelius, J. J.: Über die Zusammensetzung der Weinsäure und Traubensäure. Ann. Phys. 95 (1830) 305–335.

[41] Volhard, J.: Justus von Liebig. Bd. 1 u. 2. Leipzig 1909.

[42] Prandtl, W.: Deutsche Chemiker in der ersten Hälfte des neunzehnten Jahrhunderts. Weinheim 1965.

[43] Schiffner, C.: Aus dem Leben alter Freiberger Bergstudenten. Bd. 1.
Freiberg 1935.

[44] Mitscherlich, E.: Lehrbuch der Chemie, Bd. 1. 2. Aufl. Berlin 1834.
S. 205.

Personenregister

<table>
<tr><td colspan="4" align="center">E l e m e n t a.</td></tr>
<tr><td align="center">Nomina.</td><td align="center">Symbola.</td><td align="center">Pondera atomica.</td><td align="center">Logarithmus ponderum atomicor.</td></tr>
<tr><td>Aluminium . . . .</td><td>Al . . .</td><td>170.90</td><td>2327421</td></tr>
<tr><td></td><td>Al . . .</td><td>341.80</td><td>5337721</td></tr>
<tr><td>Antimonium vide Stibium . . . . .</td><td></td><td></td><td></td></tr>
<tr><td>Argentum . . . .</td><td>Ag . .</td><td>1349.66</td><td>1302244</td></tr>
<tr><td>Arsenicum . . . .</td><td>As. . .</td><td>469.40</td><td>6715431</td></tr>
<tr><td></td><td>As. . .</td><td>938.80</td><td>9725731</td></tr>
<tr><td></td><td>3As . .</td><td>1408.20</td><td>1486643</td></tr>
<tr><td></td><td>2As . .</td><td>1877.60</td><td>2736031</td></tr>
<tr><td></td><td>3As . .</td><td>2816.40</td><td>4496943</td></tr>
<tr><td>Aurum . . . .</td><td>Au . .</td><td>1229.165</td><td>0896102</td></tr>
<tr><td></td><td>Au . .</td><td>2458.33</td><td>3906402</td></tr>
<tr><td>Azotum v. Nitrogenium . . . . . .</td><td></td><td></td><td></td></tr>
<tr><td>Barium . . . .</td><td>Ba . .</td><td>855.29</td><td>9321134</td></tr>
<tr><td>Beryllium v. Glycium . . . . . .</td><td></td><td></td><td></td></tr>
<tr><td>Bismuthum . . . .</td><td>Bi . . .</td><td>1330.377</td><td>1239747</td></tr>
<tr><td></td><td>Bi . . .</td><td>2660.754</td><td>4250046</td></tr>
<tr><td>Boron . . . .</td><td>B . . .</td><td>136.204</td><td>1341899</td></tr>
<tr><td>Bromum . . . .</td><td>Br . . .</td><td>499.81</td><td>6988049</td></tr>
<tr><td></td><td>Br . . .</td><td>999.62</td><td>9998349</td></tr>
<tr><td></td><td>3Br . .</td><td>1499.43</td><td>1759262</td></tr>
<tr><td></td><td>2Br . .</td><td>1999.24</td><td>3008649</td></tr>
<tr><td></td><td>3 . . .</td><td>2998.86</td><td>4769562</td></tr>
<tr><td></td><td>4 . . .</td><td>3998.48</td><td>6018949</td></tr>
<tr><td></td><td>5 . . .</td><td>4998.10</td><td>6988049</td></tr>
<tr><td>Cadmium . . . .</td><td>Cd . .</td><td>696.767</td><td>8430876</td></tr>
<tr><td>Calcium . . . .</td><td>Ca . .</td><td>251.651</td><td>4007986</td></tr>
<tr><td>Carbonicum . . . .</td><td>C . . .</td><td>75.12</td><td>8757556</td></tr>
<tr><td></td><td>C . . .</td><td>150.24</td><td>1767856</td></tr>
<tr><td>Cerium . . . .</td><td>Ce . .</td><td></td><td></td></tr>
<tr><td>Chlorum . . . .</td><td>Cl . . .</td><td>221.64</td><td>3456481</td></tr>
</table>